Leitfaden
für den Vortrag
der
Elemente der Astronomie
oder
der mathematischen Geographie.

Für
Gymnasien, Militair- und höhere Bürgerschulen.

Von
Alexander Freiherrn von Forstner,
Hauptmann agg. dem 37sten Infanterie-Regimente. — Examinator bei der Ober-Militair-Examinations-Commission, Lehrer der Mathematik bei der allgemeinen Kriegsschule und der Physik beim Cadetten-Corps.

Berlin.
Gedruckt und verlegt bei G. Reimer.
1837.

Vorwort.

Unter Benennung: Mathematische Geographie, werden gegenwärtig wol auf allen Schulen welche der Titel dieses Leitfadens bezeichnet, die Elemente der Astronomie vorgetragen; denn ohne eine, wenn auch nur kurze Ansicht dessen was über der Erde ist, kann, so wenig wie entsprechend im Gebiethe der sittlichen Erscheinungen, eine richtige Kenntniß von dem was die Erde darbietet, erworben werden. — Und in der That, ist das immer mehr Eingehen auf die Gegenstände der Natur-Wissenschaften, auf solchen Schulen die nicht mehr zu den Elementarschulen zu zählen sind, eine höchst erfreuliche Erscheinung der neueren Zeit; weil, ohne den sogenannten classischen Studien ihren Werth streitig machen zu wollen, doch die tief begründete Ueberzeugung immer allseitiger eindringt: daß zu einer wahren Erkenntniß des göttlichen und ewigen Berufes des Menschen, eine den Mitteln, namentlich an Zeit die dem Erlernen dafür gewidmet werden kann, entsprechende Kenntniß der, allen Menschen auf gleiche Weise gegebenen Natur-Erscheinungen, unerläßlich ist. Und welcher besondere Gegenstand dieser Erscheinungen ist dem Gemüthe, von dem des Kindes bis zum Greise, ansprechender, als die Wunder des gestirnten Himmels! — Daß bisher eigentlich verhältnißmäßig wenige Menschen, sich mit den Grundzügen der Sternkunde vertraut machten, hatte ohne Zweifel seinen Grund darin, daß man meinte: ohne längere Vorbereitung durch mathematische Studien, sei der erhabene Gegenstand nicht zu verstehen. Freilich gilt dies, in einem noch höheren Maaße, als viele unter denen, welche diesen Ausspruch thun, oft nur ahnden, von einem eigentlichen Studium der

Astronomie; aber, um sich würdige Kenntniß vom Weltgebäude zu verschaffen, genügt schon die, dem Menschen gleichsam natürliche Mathematik, ohne welche, gleich wie ohne eine bestimmte natürliche Mechanik — wenn anders eine solche der streng wissenschaftlichen entgegengesetzt werden darf — Niemand dem Leben angehören könnte. — Und so ist denn auch seit längerer Zeit, für Jedermann, dem Erlernen der Elemente der Sternkunde, namentlich durch die Schriften des verewigten Bode, die Bahn gebrochen; die vielen Bücher über populäre Astronomie, so wie die öffentlichen Vorlesungen, welche vor Gebildeten jedes Standes und Geschlechts an größeren Orten gehalten werden, bestätigen jene Aussage; und hoffentlich dringt die Ueberzeugung, von der Möglichkeit des leichten Auffassens, so wie von der Wichtigkeit des Erlernens jener Lehren für jeden Menschen ohne Ausnahme, bald dahin, daß in keiner auch noch so untergeordneten Schule, der Vortrag der ersten Grundlehren der Sternkunde, ganz fehlen wird. — Aber die Grenzen innerhalb welcher der

Vortrag hier zu halten ist, scheinen sich schwer bestimmen zu lassen; und doch sind sie nur abhängig, einmal von den Vorkenntnissen der Schüler für die Aufnahme der weiteren Ausführungen, und, wie schon gesagt von der, diesem Vortrage zu widmenden Zeit; weniger hängen sie ab von den Mitteln, welche die Schulen zur Anschaffung einiger Instrumente und Zeichnungen verwenden können; denn ein Himmels- und ein Erdglobus genügen fast schon, oder können leicht ersetzt werden; Fernröhre aber zur näheren Betrachtung des gestirnten Himmels, sind, für das Erlernen der mehr erwähnten Elemente, noch zu entbehren; am wenigsten aber sollten jene Grenzen vom künftigen Berufe des Schülers abhängig gemacht werden. — Die folgenden Bogen zeigen im Wesentlichen die Grenzen, innerhalb welcher ich seit einer Reihe von Jahren, den Zöglingen der ersten Klasse der hiesigen Cadetten-Anstalt, die Elemente der Astronomie vortrage; ich rechnete dazu, eingeschlossen die Wiederholungsstunden, etwa dreißig Stunden; dabei ward, gleich wie beim Vortrage der

Physik, das Nothwendigste dictirt, den Zuhörern aber überlassen niederzuschreiben, was sie für nöthig hielten um das Vorgetragene zu behalten. — Durch die Herausgabe dieses Leitfadens bezwecke ich, zunächst für meine Zuhörer, die Zeit des Niederschreibens zu ersparen, einige weitere Ausführungen wie bisher zu geben, ihrem Gedächtnisse doch reichlich zu Hülfe zu kommen, und mehr Zeit auf das Wiederholen verwenden zu können. — Ob diese Bogen auch in einem weiteren Kreise einigen Eingang finden werden, muß ich erwarten. — Für diesen vielleicht möglichen Fall, glaube ich aber einige Bemerkungen mir erlauben zu dürfen, da es wol zu viel verlangt wäre, von jedem Lehrer der mathematischen Geographie an den mehr erwähnten Schulen, zu erwarten, daß er einem eigentlichen Studium der Astronomie längere Zeit gewidmet habe, daher auch einige Andeutungen für jene Lehrer, über den Umfang in welchem dieser Leitfaden zu benutzen ist, wol nicht überflüssig erscheinen. — Der Vortrag ist möglichst streng systematisch gehalten, und doch können ganze

Paragraphe da übergangen werden, wo die oben bezeichneten Umstände dies erfordern. So möchte z. B. in vielen Schulen, das letzte Hauptstück (die physische Astronomie) wol ganz übergangen werden können, und übergangen werden müssen, wenn die Zuhörer vorher die Elemente der Mechanik nicht gehört haben; aber selbst für den günstigen Fall genügt, und ist von großem Interesse für den Anfänger, die elementare Darstellung der Bewegung der Planeten als in Kreisen; für diesen Fall sind auch die Hauptformeln angeführt, die selbst dem Lehrer leicht entfallen können. — Aus den beiden ersten Hauptstücken, wird und kann vieles von dem weggelassen werden, was die anzustellenden Beobachtungen anbetrifft, wenn auch ein geübter Lehrer in vielen Fällen diese Elemente dem Schüler wird deutlich genug erläutern können. — In Anmerkungen, sind an geeigneten Stellen solche Erweiterungen kurz gegeben, die wahrscheinlich, so wie auch viele Zahlenangaben, bei den meisten Vorträgen wegbleiben können; einigen Lehrern werden solche Angaben nebst manchen ausführlicheren Erläuterungen und Erklärungen aber doch nicht unwillkommen sein. — Die in §. 18. genannte Erscheinung der Präcession, kann auch ohne wesentlichen Nachtheil übergangen werden; ihre Versinnlichung nimmt die Einbildungskraft jüngerer Schüler oft zu sehr in Anspruch; dasselbe gilt von den etwas ausgeführteren Rechnungen des §.'s 19. — Der §. 35. wird wol nur historisch berührt werden können, obgleich eine elementare Darstellung dieser wichtigen Erscheinung, zulässig ist. — Auch die Lehre vom Monde, wird wol in vielen Fällen abgekürzt werden können. — In der angehängten Tabelle, sind die Elemente der Planetenbahnen, so wie einige der interessantesten Resultate für die Planeten, und die geographische Lage einiger Hauptstädte Europas, aus verschiedenen astronomischen Schriften entlehnt, zusammengestellt; noch mehr Data in Tabellen zu geben, schien über den Zweck der Herausgabe dieses Leitfadens hinaus zu gehen. — Die im Anhange gegebene Literatur, soll zunächst dem Lehrer dienen; ich hoffe sie wird nicht unwillkommen sein, doch macht sie keinen Anspruch auf Vollständigkeit, zumal, weil mit geringer Ausnahme nur solche Werke angeführt sind, welche mir vorlagen, indem ich sie hier angab. —

Berlin am 24sten im Januar 1837.

A. v. Forstner.

Inhalt.

Seite

Dritter Haupttheil.

Physische Astronomie.

Anhang.

Die Lehren der Astronomie.

Einleitung.

§. 1. **Erklärung der Astronomie (Sternkunde).** Sie gehört beziehungsweise zur Physik und zur angewandten Mathematik. — **Hülfswissenschaften:** Physik und Mathematik; Optik und Mechanik (Licht und Bewegung). — Nothwendige Kenntniß der die Erde umgebenden Luft und der Erscheinungen in derselben. — Strahlenbrechung oder Refraction (Siehe Anhang, Literatur Nr. 1.). Dämmerung. — Gebrauch des Thermometers und Barometers für die Astronomie. — Ueber die Methode des Vortrags der Astronomie; die Angaben sind oft nur vorläufig, und erhalten ihre Ausführung und Bestätigung erst im Verfolge des Vortrags.

§. 2. **Eintheilung der Astronomie.** — A. In Hinsicht der Erforschung ihrer Lehren: **practische** (beobachtende unn rechnende) und **theoretische** Astronomie. Verhältniß beider zu einander. — Astronomische Instrumente; Sternwarten. — B. In Hinsicht des wissenschaftlichen Vortrags: **sphärische, theorische** und physische Astronomie; Verhältniß dieser drei Theile zu einander. (Anh. L. Nr. 2.) *) — Geschichte der Astronomie (Anh. L. Nr. 3.) — Verhältniß der Eintheilungen unter A und B. —

Anmerkung. Populäre Astronomie (Anh. L. Nr. 4). Physik des Himmels. — Astrologie.

§. 3. Anwendungen der Astronomie: Gnomonik (Kenntniß der Sonnen- Mond- und Sternen-Uhren); Chronologie (Zeitrechnung); mathematische Geographie (Lehre von den räumlichen Relationen der Erde als Weltkörper; — höhere Geodäsie); Nautik (astronomischer Theil der Schifffahrtskunde) (Anh. L. Nr. 5.) — Nutzen der Astronomie in sittlicher Beziehung. —

Erster Hauptheil.

Sphärische Astronomie.

I. Von den Gegenständen der Wahrnehmung am Himmel im Allgemeinen.

§. 4. Die Erscheinung des wolkenfreien blauen Himmels-Gewölbes als Halbkugel über unserer Erde

*) Durch A. L. Nr. a, wird auf die im Anhange befindliche Literatur astronomischer Werke hingewiesen.

(Firmament oder Feste); erscheint als etwas gedrückt in seiner Mitte; Horizont oder Gesichtskreis, Horizontalebene; sichtbare und unsichtbare Halbkugel (Hemisphäre). Horizontal und vertikal. — Aussonderung der Erscheinungen, welche in der Atmosphäre vor sich gehen und tellurischen Ursprunges (von der Erde) sind, von den cosmischen (im Weltraume vor sich gehenden) Erscheinungen. Die letzteren sind Gegenstand der Astronomie, und die hier wahrnehmbaren Körper heißen im Allgemeinen Gestirne; hierzu gehören: Sonne (bezeichnet durch ☉), Mond (☾), Sterne (✳). Diese Gestirne erscheinen dem sinnlichen Auge im Allgemeinen in gleicher Entfernung vom Standpunkte des Beobachters. — Scheinbare Größe der Gestirne; Sonne und Mond haben circa eine scheinbare Größe von einem halben Grade (genauere Bestimmungen kommen später §. 36. und 47.); über die scheinbare Größe der Sterne, betrachtet mit unbewaffnetem d. h. mit blosem Auge, und mit Fernröhren; Instrumente zur Messung der scheinbaren Größe (Mikrometer); Schwierigkeiten hierbei, welche zuweilen auf verschiedene Resultate bei verschiedenen Beobachtern führen *).

*) In einem Anhange zu diesem Leitfaden, findet sich eine Tabelle mit den Resultaten der Beobachtungen und Berechnungen für unser Sonnensystem. Wenn Angaben darin, mit einigen der künftig genannten Resultate etwas abweichen, so hat diese Abweichung ihren Grund in den oben erwähnten Schwierigkeiten.

Anmerk. Ueber scheinbare Entfernung der Sterne von einander, siehe §. 10.

§. 5. Die erste sinnlich wahrnehmbare Veränderung bei allen Gestirnen, ist ihre gemeinschaftliche Bewegung von der linken Hand gegen die rechte des Beobachters. — Bei der Sonne: eine (fast) immer kreisrunde Scheibe; Auf- und Untergang der Sonne; Tag und Nacht; Dämmerung. — Beim Monde: seine verschiedenen Lichterscheinungen (Phasen); sein Sichtbarwerden (nachdem er einige Tage unsichtbar war) bald nach Sonnenuntergang in der Nähe der ☉; erstes Viertel (bezeichnet durch ☽); Vollmond (○); letztes Viertel (☾); Neumond (●); ○ und ● gemeinschaftlich Syzygien; Alter des Mondes (die seit dem Neumonde vergangene Zeit). — Kugelgestalt des Mondes. — Der Mond geht über Sterne hinweg (Sternbedeckungen); Folge hieraus: daß er uns näher ist als diese Sterne. Erscheinung der Sonnenfinsterniß zur Zeit des Neumondes. Mondfinsterniß zur Zeit des Vollmondes; das Allgemeinste über beide Erscheinungen (das Nähere später, §. 48.).

§. 6. Eintheilung der Sterne und deren Erscheinungen im Allgemeinen. — Fixsterne (Feste Sterne), Planeten (Wandelsterne auch Irrsterne genannt), deren fünf mit bloßen Augen zu sehen sind und eigene Namen haben: Merkur, Venus, Mars, Jupiter, Saturn (noch fünf andere, so wie unsere Erde, werden später genannt werden §. 30.); **Kometen** (Schweifsterne). — **Doppelsterne** und **mehrfache Sterne**. **Veränderliche Sterne**; **verschwundene Sterne**. **Sternhaufen**; **Nebelflecke**; die **Milchstraße**.

§. 7. **Eintheilung der Fixsterne**. Sterne von verschiedener Größe: erster Größe 18, zweiter Größe 52, u. s. w.; sind bis 6ter Größe noch für bloße gute Augen sichtbar; die Anzahl bis zu dieser Größe beträgt etwa 7000 unzählbare Menge der Sterne — Sternbilder (Constellationen); Namen und Buchstaben für die Fixsterne. **Astrognosie**. Hülfsmittel die Sterne kennen zu lernen: mündliche Anweisung; Bücher; Himmelsgloben; Sternkarten, u. s. w.; Sternkataloge (A. L. Nr. 6.).

II. Von der Lage des Himmelsgewölbes gegen die Erde, und von den Bewegungen der Gestirne im Allgemeinen.

§. 8. Die gemeinschaftliche Bewegung aller Gestirne erfolgt dergestalt, wie die Drehung einer Kugel um einen ihrer Durchmesser, welcher für die hier betrachtete Himmelskugel: die **Weltaxe** heißt; wo man sich auch auf der Erde befinden mag, geht die Weltaxe durch den Standpunkt des Beobachters. (Vorläufige Folge hieraus für die Entfernung der Sterne von der Erde). Die Richtung dieser Bewegung ist (wie schon §. 5. erwähnt) von der linken Hand gegen die rechte des Beobachters; die Richtung dieser Bewegung heißt:

rückwärts (reterograde); eine Bewegung von rechts nach links, heißt in der Astronomie: vorwärts (direct). — Die Weltaxe hat, laut Erfahrung, für verschiedene Standpunkte auf der Erde, verschiedene Lagen gegen die Horizontalebene; in ganz Europa (auch für die meisten anderen Standpunkte auf der Erde) ist die Lage der Weltaxe für jeden Standpunkt, schief gegen den Horizont (diese Lage wird die schiefe Lage des Himmels genannt, siehe §. 26.); Folgen aus der Drehung der Himmelskugel um die schief gegen den Horizont geneigte Axe: Auf- und Untergang gewisser Sterne; andere Sterne bleiben immer über dem Horizonte; noch andere bleiben immer unter dem Horizonte. Wie sich die Erscheinungen ergeben müssen, wenn die Weltaxe für einen Standpunkt auf der Erde, vertikal steht (parallele Lage des Himmels), und wie: wenn sie im Horizonte liegt (senkrechte Lage des Himmels). — Die Fixsterne beschreiben bei der genannten Drehung, genau Parallelkreise unter einander, deren gemeinschaftliche Axe die Weltaxe ist; diese Kreise, Tageskreise genannt, sind von verschiedener Größe, werden aber in gleichen Zeiten von allen Fixsternen mit gleichförmiger Bewegung durchlaufen. Der Aufgangspunkt im Horizonte, ist für einen und denselben Fixstern immer derselbe; eben so der Untergangspunkt. — Weltpole; Polarstern. — Die anderen Gestirne (Sonne, Mond, Planeten, Kometen) beschreiben nicht genau Parallelkreise, obgleich (außer dem Monde) wenig davon abweichend während eines Tages, d. h. während der Zeit von circa 24 Stunden, in welcher Zeit jene Umwälzung des Himmels einmal erfolgt; für alle Fiesterne ist die Bewegung gleichförmig und die Zeit der täglichen Bewegung stets gleich groß; für die übrigen Gestirne ist die Bewegung nicht genau gleichförmig, und die Zeit der täglichen Bewegung nicht immer gleich groß (das Nähere hierüber §. 14 u. f.).

§. 9. Die allgemeinsten Angaben vorläufig über die scheinbare jährliche Bewegung der Sonne (spiralförmiger Lauf); über die monatliche Bewegung des Mondes; über die Bewegung der Planeten (ihr Stillstehn, Vorwärts- und Rückwärtsgehn); Adspecten: Zusammenkunft oder Conjunction, bezeichnet durch ☌; Gegenschein oder Opposition ☍; Geviertschein oder Quadratur □.

III. Eintheilung der Himmelskugel nach Kreisen.

§. 10. Nothwendigkeit der Annahme von Kreisen an der Himmelskugel (Die Kreise und Figuren auf der Kugel, sind rein mathematisch Gegenstand der Sphärik *).

*) Ausschließlich mit diesem Theile der reinen Mathematik, beschäftigt sich unter andern das von mir herausgegebene Werk: die Sphärik oder Lehrbuch der sphärischen Geometrie und Trigonometrie. Berlin 1827.

Sphära Armillaris oder Ringkugel, dient zur Versinnlichung der Kreise. — Scheinbare Entfernung zweier Gestirne von einander; die Sterne werden hierbei als Punkte angesehen; für Sonne und Mond gelten die Mittelpunkte, wenn es nicht anders gesagt wird, z. B. die scheinbare Entfernung eines Sterns vom Mondrande (Ueber scheinbare Größe, siehe §. 4.; über die Berechnung der scheinbaren Entfernung, siehe §. 13. Anmerk. 2.). Die drei vorzüglichsten größten Kreise sind: der Horizont, der Aequator und die Ekliptik (siehe die folgenden §§).

§. 11. Vom Horizonte (Gesichtskreis, siehe §. 4.), auch astronomischer Horizont genannt, um ihn vom sichtbaren Horizont (die unregelmäßige Linie, welche Himmel und Erde zu trennen scheint) und vom Meerhorizonte zu unterscheiden (Vom scheinbaren und wahren Horizonte, s. §. 24.). Er theilt die Himmelskugel in die sichtbare und unsichtbare Halbkugel (siehe §. 4.). — Vertikal- oder Scheitellinie; Zenith (Scheitelpunkt), Nadir (Fußpunkt). — Vertikal- oder Scheitelkreise (stehen senkrecht zum Horizonte); Höhe und Zenith-Distanz der Sterne; Tiefe (unter dem Horizonte) der Sterne. Instrumente die Höhe zu beobachten; sind unter andern Quadranten und Sextanten. — Höhenkreise (Almukantharat); Dämmerungskreis (18° tief). — Laut §. 8. muß (nach einfachen Lehren der Sphärik) die Weltaxe in einem bestimmten Vertikalkreise liegen, in welchem jeder auf- und untergehende Stern, seine größte Höhe (höchsten Stand) hat; Sterne welche immer über dem Horizonte bleiben, haben in ihm sowol die größte als auch die kleinste Höhe; dieser Vertikalkreis heißt der *Meridian* (Mittagskreis); *Culmination*; wenn die Sonne (ihr Mittelpunkt) culminirt, ist der Augenblick des *wahren Mittags* für den Tag und den Standpunkt des Beobachters. Süd- und Nord-*Punkt* im Horizonte; Ost- und West-Punkt; Mittag, Mitternacht, Morgen und Abend; Weltgegenden; Windrose; Eintheilung des Horizonts in 32 gleiche Theile; Haupt- und Nebenpunkte; orientiren (Was z. B. NNO. heißt, was W¼SW. oder S. gen SO.). — Der Astronom hat (wenn es nicht anders bestimmt wird) den Blick nach Süden gerichtet; *Mittagslinie* (Sie und der Mittagskreis bedingen sich gegenseitig). — Meridianinstrumente: *Passageinstrument*, *Mauerquadrant*, *Meridiankreise* (A. L. Nr. 7.). — Einige practische Mittel die Mittagslinie zu bestimmen. Was man sicht- und unsichtbarer-, südlicher- und nördlicher-Meridian nennt. — *Oestliche* und *westliche Halbkugel* des Himmels; werden durch den Meridian bestimmt. Morgen- und Abend-Himmel. (Die Linie von O. nach W. steht senkrecht zum Meridian, ist also im Sinne der sphärischen Geometrie: die Axe des Meridians; die O. und W. Punkte sind demnach die Pole des Meridians). — *Morgen-* und *Abendweite* der auf- und untergehenden Gestirne; sie werden von O. und W. nach S. und N. demnach bis 90° gezählt. — Azimuth der Gestirne; wird im Horizonte oder am Zenith, von S. durch O. und W. nach N., also bis 180° gezählt, auch wol von S. durch W. ganz herum bis 360°. Alle sich auf den Horizont beziehenden Kreise u. s. w. haben für einen bestimmten Standpunkt eine feste Lage. Höhe und Azimuth (oder statt Azimuth auch die Morgen- und die Abendweite), bestimmen jeden Punkt am Himmel; sie sind daher die, sich auf den Horizont beziehenden (sphärischen) Coordinaten. — Bemerkungen über einige Erscheinungen beim Auf- und Untergange, und den Höhen der Gestirne, wegen der schiefen Lage des Himmels. —

§. 12. Weltaxe (siehe §. 8.) und Weltpole, auch wol blos Pole genannt; Nord- und Süd-Pol (ihre Lage im Meridian ist §. 11. schon erwähnt). Aequator (Gleicher); er theilt den Himmel in die nördliche und südliche Halbkugel; er steht senkrecht zum Meridian, und durchschneidet den Horizont im O. und W. Punkte; Polhöhe und Aequatorhöhe (gegenseitige Ergänzung zu 90°); diese Höhen zu finden (Circumpolarsterne); für Berlin ist die Polhöhe circa 52½° (genau 52° 31′ 15″). Mitte des Himmels (derjenige Punkt des Aequators, welcher in einem bestimmten Augenblicke culminirt, ist für diesen Augenblick die M. d. H.). Die Parallelkreise des Aequators sind die Tageskreise der Fixsterne (siehe §. 8.); sie werden durch den Meridian halbirt; Tagesbogen der Fixsterne, werden auch durch den Meridian halbirt; sie sind größer als Halbkreise wenn sie in der nördlichen Halbkugel liegen; werden zu ganzen Kreisen wenn sie gleich oder weniger als die Polhöhe beträgt, vom Pole entfernt liegen; in der südlichen Halbkugel sind sie kleiner als Halbkreise, bis sie endlich ganz unter dem Horizonte liegen. Halbe Tagbogen. — Erster Punkt im Aequator (auch erster Punkt am Himmel) oder Widderpunkt (bezeichnet durch 0° ♈); von ihm aus wird vorwärts (von rechts nach links; siehe §. 8.) bis 360° gezählt; 180° von ihm entfernt, liegt (im Aequator) der Waagepunkt. — Meridiane des Aequators. Abweichung oder Declination, bezeichnet durch D; wird nördlich (durch + bezeichnet) und südlich (—) gezählt; die Meridiane des Aequators, (welche nach und nach in den Meridian des Standpunkts des Beobachters (§. 11.) kommen) heißen daher auch Abweichungs- oder Declinationskreise (auch Stundenkreise); zwei unter ihnen heißen Coluren, und zwar: Colur der Tag- und Nachtgleiche (durch den Widder- und Waagepunkt gehend) und Colur der Sonnenwende (senkrecht zu ersterem). — Die Abweichung wird durch die Höhe bei der Culmination und durch die bekannte Aequatorhöhe gefunden *). — Polardistanz (ist das Com-

---

*) Man kann daher die Polhöhe eines Orts, wenn die Lage

plement der Abweichung). — **Wendekreise** (Tropen) des Krebses und des Steinbocks, haben 23½° (genauer 23° 27′ 47″) Abweichung + und —. **Polarkreise**, der nördliche und südliche; haben 23½° Polardistanz. — **Gerade Aufsteigung** oder aszensio-recta (Rectascension); durch A. R. bezeichnet; wird durch die, von der Culmination vom 0° Widder bis zur Culmination des Punkts oder Gestirns (für den die A. R. gesucht wird) verflossene Zeit, laut Beobachtung nach einer Uhr, berechnet, wobei 15° auf 1^h (h bedeutet Stunde, horus), also 15′ Bogen auf 1′ (Minute) Zeit, und 15″ Bogen auf 1″ (Secunde) Zeit gehen (Weil in 24 Stunden, 360° des Aequators und jedes Parallelkreises desselben, durch den Melidian gehen, also in 1^h, 360° : 24 = 15°). Verwandlung der Bogen in Zeit, und der Zeit in Bogen. — Parallactisches Instrument. Durch D (+ oder —) und A. R. ist ein Punkt (Gestirn) am Himmel genau bestimmt; diese Bogen heißen daher auch: **Coordinaten des Aequators**. — Aenderung der sich auf den Aequator beziehenden Erscheinungen, wenn man den Standpunkt verändert.

Anmerk. Einige in der weiteren Ausführung der Astronomie vorkommende, sich auf den Aequator und Horizont beziehende Bogen u. s. w. sind: **schiefe Aufsteigung**

der Mittagslinie bekannt ist, leicht aus der bekannten Declination eines Sterns, und seiner beobachteten Höhe bei der Culmination, finden.

eines Sterns: ist der Bogen des Aequators (von 0° ♈ an, vorwärts gezählt), welcher zu seinem Endpunkte den Punkt hat, welcher mit jenem Sterne zugleich aufgeht; schiefe Niedersteigung (oder Absteigung) ist der Bogen des Aequators (u. s. w. wie vorher) zugleich untergeht. — Parallactische Winkel: ist der Winkel welchen der Scheitelkreis mit dem Abweichungskreis bildet. — Stundenwinkel: ist der Winkel welchen der Meridian mit dem Abweichunskreis bildet; er wird in der Richtung von Süd durch West bis 360° gezählt.

§. 13. Ekliptik oder Sonnenbahn; ist ein den Aequator unter einem Winkel von 23½° (genauer siehe §. 12.) durchschneidender, und durch den Widder- und Waagepunkt gehender größter Kreis der Himmelskugel; jener Winkel heißt die Schiefe der Ekliptik*). Die Ekliptik berührt die Wendekreise; ihre Axe ist 23½° gegen die Weltaxe geneigt, liegt im Colur der Sonnenwende, und ihre Pole liegen in den Polarkreisen. Eintheilung der Ekliptik in 12 Zeichen zu 30°; vom ♈ Punkt an werden die Grade in ihr vorwärts nach Zeichen und Graden gezählt. Namen dieser sogenannten himmlischen Zeichen: 1) Widder ♈, 2) Stier ♉, 3) Zwillinge ♊, 4) Krebs ♋, 5) Löwe ♌, 6) Jung-

*) Dieser Winkel ist veränderlich, die Aenderung aber nach verschiedenen Beobachtungen und Rechnungen verschieden; im gegenwärtigen Jahrhundert ist er abnehmend, und zwar jährlich 0,521″; für 1800 ist er 23° 27′ 56″,3. Das Mittel ist jene §. 12. gegebene Größe 23° 27′ 47″.

frau ♍, 7) Waage ♎, 8) Scorpion ♏, 9) Schütze ♐, 10) Steinbock ♑, 11) Wassermann ♒, 12) Fische ♓. Nr. 1 — 6. nördliche oder obere, Nr. 7 — 12. südliche oder untere Zeichen; Nr. 4 — 9. niedersteigende, die anderen sechs aufsteigende Zeichen; Frühlings- und Herbst-Aequinoctial-Punkt (♈ und ♎); Sommer- und Winter-Solstitial-Punkt (♋ und ♑). Breitenkreise; Breite wird nördlich und südlich (N. und S., oder + und — gezählt); Relation zwischen Breite und Abweichung (§. 12.); Länge (nach Zeichen Z, Graden ° u. s. w.) gezählt, z. B. 0 Z 4°, ist 4° im ersten Zeichen, also im Widder; 8 Z 6° 4′ 8″, 4, ist 6° u. s. w. im neunten Zeichen, also im Schützen); sie kann auch auf jedem Parallelkreise der Ekliptik gezählt werden. — Länge und Breite werden (nach Sätzen der sphärischen Trigonometrie) aus der, laut §. 12. bestimmten A. R. und D. berechnet; sie sind die, sich auf die Ekliptik beziehenden Coordinaten, und bestimmen jeden Punkt am Himmel. — Thierkreis, von zwei Parallelkreisen, 10° N. und 10° S. von der Ekliptik begrenzt; in dieser Zone halten sich die Sonne, der Mond und die meisten Planeten beständig auf (Zodiakus). Eintheilung des Thierkreises in 12 Sternbilder, die jedoch nicht von gleicher Größe sind; sie heißen wie die 12 himmlischen Zeichen, mit denen sie aber nicht zusammen fallen (s. §. 18.). — Ueber die sich stets gegen den Horizont ändernde Lage der Ekliptik; Erscheinungen hierbei.

Anmerk. 1. Noch einige sich auf die Ekliptik u. s. w. beziehende Bogen, die zu einer weiteren Ausführung der Astronomie gehören: Positionswinkel: der Winkel den der Abweichungs= mit dem Breitenkreise bildet. — Variation: der Winkel den der Breitenkreis mit dem Scheitelkreis bildet. — Nonagesimus, ist der Punkt in der Ekliptik, der 90° vom Auf= oder Untergangspunkte der Ekliptik liegt. Die Höhe (§. 11.) dieses Punkts ist das Maaß des (veränderlichen) Winkels (angulus orientis), den in jedem Augenblicke die Lage der Ekliptik mit dem Horizonte bildet.

Anmerk. 2. Die sphärischen Triangel, welche sich durch alle bis hier genannten Kreise ergeben, betrachtet die sphärische Astronomie. — Bemerkt sei, daß die Bogen des Aequators und der Ekliptik, welche zwischen zwei Breitenkreisen, oder zwischen zwei Abweichungskreisen liegen, nicht gleich groß sind; nur die beiden Coluren (§. 12.) schneiden von beiden größten Kreisen gleiche Bogen zu 90° ab. Die scheinbare Entfernung zweier Sterne von einander, kann aus der Länge und Breite, so wie aus der D. und A. R. leicht berechnet werden.

IV. Genauere Bestimmung der wahrnehmbaren Bewegung der Gestirne.

§. 14. Sterntag ist die Zeit zwischen zwei zunächst einander folgenden Culminationen eines und desselben Fixsternes. — Völlige Gleichheit der Sterntage aller Fixsterne, wegen der gleichförmigen Bewegung des Himmels (§. 8.). Der Sterntag beginnt wenn 0° ♈ culminirt, und wird in fortlaufende 24

Stunden (h), jede zu 60′, die Minute zu 60″ Sternzeit, bezeichnet durch S. Z., getheilt. Uhren welche Sternzeit zeigen; z. B. 17^h 4′ 46″,4, S. Z. Reduction der Sternzeit auf Grade des Aequators oder dessen Parallelkreise, und die umgekehrte Reduction, 15° auf 1^h (siehe §. 12.); Tafeln hierfür. — Die Zeit zwischen dem Auf- und Untergange der Sterne, wird im Augenblicke der Culmination halbirt.

§. 15. Allgemeine Betrachtung des Sonnenlaufs *). — Der Mittelpunkt der Sonne befindet sich beständig in der Ekliptik (Hiernach hat die Sonne niemals Breite, §. 13.)., Sonnenjahr; beginnt mit Eintritt der ⊙ in 0° ♈; die Richtung der jährlichen Bewegung ist vorwärts; ungleichförmige Bewegung der ⊙ in der Ekliptik. Wahrer Sonnentag; das Sonnenjahr hat 365 und fast noch ¼ Sonnentage; die tägliche Bewegung ist circa 1° in der Ekliptik (genauer: siehe §. 19.), und nicht genau parallel der Ekliptik, wenn auch wenig abweichend; wann am wenigsten und wann am meisten; es ändert sich also stets die D. (§. 12.) der ⊙; während eines Tags ist diese Aenderung als fast gleichförmig anzusehen. Anfang des wahren Sonnentags; wahrer Mittag; der Astronom beginnt dann erst das Datum zu zählen, welches man im gemeinen Leben schon seit Mitternacht rechnete,

*) Die genauere Bestimmung des Sonnenlaufs: siehe §. 19.

und zählt 24^h hindurch; z. B. 24sten Januar 16^h 6′ astronomische Zeit, ist 4^h 6′ am 25sten Januar *); wahre Sonnenzeit (W. Z.); ist also nicht genau gleichförmig; Sonnenuhren zeigen sie, mechanische Uhren aber nicht genau; sie kann jedoch während eines Tages als fast gleichförmig angesehen werden. — Im gemeinen Leben wird auch wol: bürgerlicher Tag, die Zeit des Verweilens der Sonne über dem Horizonte genannt; Nacht. — Ungleichheit der Tageskreise und Tagesbogen der Sonne, mithin ungleiche Geschwindigkeiten der ⊙ in den Parallelkreisen des Aequators. — Zwischen den 20sten und 21sten März tritt die Sonne im 0° ♈ (Frühlingspunkt); Frühlingsanfang; Tag- und Nachtgleiche oder Frühlingsäquinoctium; ⊙ im Aequator für diesen Tag; Fortgang der ⊙ durch die Zeichen ♈, ♉ und ♊, astronomischer Frühling; Zunahme der bürgerlichen Tage über 12^h. — Eintritt der ⊙ in 0° ♋ (Sommerpunkt), zwischem 21sten und 22sten Juni; Sommeranfang; längster Tag oder Sommersolstitium; Bewegung der ⊙ an diesem Tage im Wendekreise des Krebses; Fortgang der ⊙ durch ♋, ♌ und ♍; astronomischer Sommer; Anfang der Abnahme der Tage. — Zwischen dem 22sten und 23sten September ist der Eintritt der ⊙ in 0° ♎ (Herbstpunkt); Herbstanfang; Tag- und Nachtgleiche

*) Die Italiener rechnen den Anfang des neuen Tages vom Sonnenuntergange an; die Babylonier, und früher auch die Nürnberger, rechneten ihn vom Sonnenaufgange an.

oder Herbstäquinoctium; ⊙ für diesem Tag im Aequator; Fortgang der ⊙ durch ♎, ♏ und ♐; astronomischer Herbst; Verkürzung der Tage unter 12^h. — Eintritt der ⊙ in 0° ♑ (Winterpunkt), zwischen dem 21sten und 22sten Dezember; Winteranfang; kürzester Tag oder Wintersolstitium; Bewegung der ⊙ an diesem Tage im Wendekreise des Steinbocks; Fortgang der ⊙ durch die Zeichen ♑, ♒ und ♓; astronomischer Winter; Anfang der Zunahme der bürgerlichen Tage, bis zu 12^h beim astronomischen Jahresschluß oder Jahresanfang. — Astronomische Jahreszeiten und ihre Beziehung zu den *physischen* Jahreszeiten. — Ueber die schnelle Aenderung der bürgerlichen Tage (Verweilen der ⊙ über dem Horizonte) zur Zeit der Aequinoctien (etwa 24 Minuten in einem Tage), und über die langsame Aenderung zur Zeit der Solstitien (täglich nur wenige Secunden).

§. 16. Folgerungen aus §. 15. — Ueber den jährlichen *schraubenförmig* oder *spiralförmig* erscheinenden Sonnenlauf. — Die Schiefe der Ekliptik (§. 13.) zur Zeit der Solstitien, aus der Sonnenhöhe (bei bekannter Polhöhe) zu Mittag zu finden; oder (laut sphärischer Trigonometrie) an jedem Tage wenn die A. R. und die D. der ⊙ für diesen Tag beobachtet ist; Angabe wie D. und A. R. für jeden Mittag bei der Sonnenculmination zu finden ist (Auf gleiche Weise findet man D. und A. R. für jeden Planeten und den

Mond, zur Culminationszeit für jeden Tag). Wie umgekehrt: wenn D. der ☉ für einen bestimmten Tag bekannt ist, aus der im Meridian beobachteten Sonnenhöhe, die Polhöhe zu finden ist. — Erscheinungen für den Ort des täglichen Auf- und Untergangspunkts der ☉ im Horizonte (Für die Polhöhe von Berlin, beträgt die Morgen- und Abendweite, N. und S. zur Zeit der Solstitien, etwa 39°). Das Maximum und Minimum der Sonnenhöhe bei ihrer Culmination zur Zeit der Solstitien. — Die Mittagslinie aus correspondirenden Sonnenhöhen zu finden. — Ueber die Entwerfung einer Aequatorial-Sonnenuhr, und hiernach für eine Horizontal-Sonnenuhr. — Ueber astronomische Jahrbücher (Ephemeriden) und Kalender, welche für jeden Tag die (veränderlichen) Elemente des Sonnenlaufs, und auch für den Mond- und Planetenlauf angeben. (A. L. Nr. 8.) Ueber die Zeit der Dämmerung in den verschiedenen Jahreszeiten.

§. 17. Allgemeine Vergleichung des Laufs der Fixsterne und der Sonne. — Ein Fixsterntag ist etwa 4′ kürzer als ein Sonnentag; diese 4′ heißen: die Voreilung der Fixsterne. — Folgerungen hieraus für das successive Erscheinen und Verschwinden der Fixsterne während eines Jahrs, welches 366 Sterntage hat. Sternzeit im wahren Mittage (ist die A. R. der ☉ für diesen Tag, in Zeit verwandelt, und umgekehrt). Von der Einrichtung der künstlichen Himmelskugel, und der Auflösung aller Aufgaben damit, die sich auf den Sonnen= und Firsternlauf beziehen (A. L. Nr. 9.).

Anmerk. Der heliacische Auf= und Untergang eines Sterns, ist sein Hervortreten aus den Strahlen der Morgendämmerung, und sein Verschwinden am Abendhimmel in der Abenddämmerung. Der cosmische Auf= oder Untergang eines Sterns, ist, wenn er mit der Sonne zugleich aufgeht, oder bei ihrem Aufgange untergeht; der acronicische Auf= oder Untergang eines Sterns, ist, wenn er beim Untergange der Sonne aufgeht, oder mit ihr zugleich untergeht.

§. 18. Von der Zurückweichung der Aequinoctialpunkte, oder dem Voreilen der Nachtgleichen (Präcession). Das Zeichen rückt zur rechten (rückwärts) vom Sterne, oder der Stern zur linken (vorwärts) vom Zeichen. Diese langsame Veränderung erfolgt gerade so, als wenn in 25715 Jahren (Platonisches Jahr), die Firsterne von W. nach O. (also vorwärts) parallel der Ekliptik sich gleichförmig ganz herumbewegten; oder was dasselbe ist: als wenn die Pole des Aequators in jener Zeit (in der Entfernung von $23\frac{1}{2}°$ von einander), sich vorwärts ganz um die Pole der Ekliptik bewegten. Jene langsame Veränderung, beträgt daher in einem Jahre etwa 50 Bogensekunden, oder 1 Grad in $71\frac{4}{5}$ Jahren. — Aus dieser Erscheinung folgt: 1) das Vorwärtsgehen der Sternbilder im Thierkreise entgegen den Zeichen; beträgt jetzt fast 1 Z., so daß das Widdersternbild in das Zei=

chen des Stiers u. s. w. gerückt ist, demnach das Sternbild der Fische (fast) im Zeichen des Widders steht. 2) Der frühere Anfang des Jahres als ohne jene Erscheinung der Fall sein würde, d. h. als wenn das Jahr durch die Wiederkehr der Sonne zum Sterne bedingt würde; Unterschied zwischen dem tropischen und dem syderischen Jahre. Zeit der ersten Bewegung: ist die Zeit zwischen zwei zunächst einander folgenden Culminationen von 0° ♈; sie ist daher sehr wenig kürzer als ein Sterntag (siehe §. 19. Anmerk. am Ende). 3) Aenderung der Länge, der A. R. und der D. der Fixsterne; ihre Breite bleibt ungeändert. Demnach können künstliche Himmelskugeln und Sternverzeichnisse, die Lage der Fixsterne nur für eine bestimmte Zeit (Periode, z. B. für 1801) angeben, so wie die (jährlichen) Veränderungen jener Elemente. 4) Der Polarstern wechselt; der jetzige ist etwa 1° 38′ vom Pole entfernt (hat 2 Z. 26° Länge), kommt in etwa 300 Jahren (Anno 2103) dem Pole am nächsten, auf 30′ 22″; auf Globen und Karten die Sterne zu bezeichnen, welche Polarsterne werden (A. L. Nr. 10.).

§. 19. Genauere Bestimmung des Sonnenlaufes in der Ekliptik. Die ungleichförmige Bewegung der ☉ in der Ekliptik (§. 15.), ist am kleinsten während eines Tages, am 1sten Juli, nemlich 57′ 11″, 4; am größten am 1sten Januar, 1° 1′ 10″, 3 (wird gefunden durch Beobachtung der A. R. und D.);

die scheinbaren Durchmesser der ☉ sind zu jenen Zeiten respective am kleinsten, nemlich 31′ 31″, und am größten, 32′ 36″. — Vom ♈ bis ♎ Punkt (also in den oberen Zeichen) ist etwas mehr als 7 Tage länger, wie vom ♎ bis ♈ Punkt (oder in den unteren Zeichen); vom ♋ bis ♑ (d. h. in den niedersteigenden Zeichen), ist nur etwa $\frac{1}{4}$ Tag verschieden, gegen die Zeit vom ♑ bis ♋ (d. h. in den aufsteigenden Zeichen). Auch die tägliche Aenderung der A. R. ist verschieden; kann aber während eines Tags als gleichförmig angesehen werden. Mechanische Uhren können der ungleichförmigen Bewegung der ☉ in der Ekliptik nicht folgen; mittlere Zeit, M. Z. Chronometer. (A. L. Nr. 11.). Ueber die Einführung einer sogenannten mittlern Sonne, welche gleichförmig im Aequator (vorwärts) geht, das Jahr aber zugleich mit der wahren Sonne beginnt und schließt; mittlerer Sonnentag, ist die Einheit der Zeitrechnung, wird auch getheilt in 24^h zu 60′, jede zu 60″, und M. Z. ist immer gemeint wenn es nicht anders gesagt wird. Mittlere gerade Aufsteigung. Mittlere Zeit im wahren Mittag. — Der längste wahre Tag ist am 21sten Dezember, nemlich 24^h 0′ 30″ M. Z.; der kürzeste am 10ten September, ist 23^h 59′ 39″ M. Z. — Die Zeitgleichung ist die Differenz zwischen der wahren Zeit und der M. Z. (sie ist die in Zeit verwandelte Bogen-Differenz zwischen der wahren und mittleren A. R.). Sie ist Null am 14ten April,

15ten Juni, 31sten August und 24sten Dezember; sie ist am größten in + und — am 12ten Februar und 2ten October, an welchen Tagen es respective 12^h 14′ 17″ M. Z. und 11^h 43′ 43″ M. Z. im wahren Mittag ist (also beide Male ist die Zeitgleichung etwa $\frac{1}{4}$ Stunde). — Das tropische Jahr, (§. 18.) hat 365, 242264... Tage = 365^t 5^h 48′ 45″, 5 M. Z.; das syderische Jahr hat 365, 2563... Tage = 365^t 6^h 9′ 9″, also etwa 20′,5 mehr als das tropische Jahr (Siehe das Ende der Anmerkung).

Anmerk. Zur etwa weiteren Ausführung diene: In einem mittleren Tage rückt die mittlere Sonne im Aequator fort um 59′ 8″,33 (nemlich (365.24 + 5) Stunden 48′ 45″,5 : 24 Stunden = 360° : x, woraus sich x findet = 59′ 8″, 33); daher gehen im mittleren Tage 360° 59′ 8″,33 des Aequators durch den Meridian. Zu diesen 59′ 8″,33 Bogen, gehören 3′ 56″,55 Sternzeit (denn 60′ : 59′ 8″,33 = 4 Zeitsekunden *) : x, woraus x = 3′ 56″,5 sich ergiebt), also ist der mittlere Tag = 24^h 3′ 56″,5 Sternzeit. Oder: weil 360° 59′ 8″,33 Bogen des Aequators in 24 Stunden M. Z. durch den Meridian gehen (dies giebt in 1^h M. Z, 15° 2′ 28″ Bogen), so gehen 360° in 23^h 56′ 4″,091 durch den Meridian, d. h. 1 Sterntag = 23^h 56′ 4″,091 M. Z.; mithin ist 1 Sterntag um 3′ 55″,909 M Z. kürzer als der mittlere Sonnentag, oder 1 Sterntag ist um 3′ 56″,55 Sternzeit kür-

*) Bei der gleichförmigen Sternzeit gehen 360° in 24 Sternstunden durch den Meridian, folglich 15° in 1^h, und 1° (= 60′) in $\frac{1}{15}$ Stunde (= 4 Minuten).

zer als der mittlere Sonnentag. Hiernach ist 1^h Sternzeit $= 0^h\ 59'\ 50'',17$ M. Z, und 1^h M. Z. $= 1^h\ 0'\ 9'',86$ Sternzeit. — Wenn in 24^h M. Z. wie zuerst gefunden ward, $59'\ 8'',33$ von der mittleren Sonne im Aequator zurück gelegt werden; so braucht die Sonne, um jene im §. 18. erwähnten $50''$ Bogen zurück zu legen $20'\ 24''$ Zeit (nemlich $59'\ 8'33'' : 50'' = 24^h : x$, welches sich $= 20'\ 24''$ findet); und um so viel ist also das syderische Jahr länger als das tropische Jahr; daher zufolge der obigen Angabe für das tropische Jahr, das synodische Jahr $= 365,\ 2563\ldots$ Tage wird. — Die in §. 18. erwähnte Zeit der ersten Bewegung, ist demnach $\frac{20'\ 24''}{365\frac{1}{4}}$ kürzer als der Sterntag; diese höchst geringe Zeit ist demnach (für einen Tag) außer Acht zu lassen, oder der Sterntag ist jener Zeit der ersten Bewegung fast gleich zu setzen.

§. 20. Etwas von der Zeitrechnung in Beziehung zum Sonnenlaufe. — Früher rechnete man das Jahr zu 365 Tagen; Julius Cäsar setzte es auf $365\frac{1}{4}$ Tage (46 Jahre v. Chr. Geb.); Schaltjahr; Julianische oder alte Kalender. Gregor XIII. änderte diese Festsetzung im Jahre 1582, wo man schon 10 Tage zu wenig zählte (weil man das tropische Jahr zu groß, nemlich statt $5^h\ 48'\ 45'',5$ genommen hatte 6^h); vom 4ten October ging man sogleich zum 15ten October über; es blieb alle 4 Jahr ein Schaltjahr, wenn die Jahrszahl ohne Rest durch 4 theilbar ist; drei volle Jahrhunderte hinter einander sind keine

Schaltjahre, das 4te aber wieder ein Schaltjahr; das Jahr 1600 war Schaltjahr, 1700, 1800, 1900 keine Schaltjahre, 2000 ein Schaltjahr; in 3600 Jahren erst ein Fehler von 1. Tag. Gregorianische oder neue Kalender; weicht jetzt um 12 Tage ab vom alten Kalender, nach welchem die griechisch catholische Kirche noch zählt.

Anmerk. Es könnten zum Schlusse hier die Beschreibungen der allgemeinen Erscheinungen des Mondlaufes, so wie des Laufes der Planeten, ausführlicher als in §. 9. die Rede davon sein konnte, folgen; doch bleiben diese Beschreibungen wol zweckmäßiger zusammen, weil nunmehr diese Gestirne im zweiten Hauptstücke ausführlicher betrachtet werden.

Zweiter Haupttheil.

Theorische Astronomie.

I. Von der Gestalt und Größe der Erde.

§. 21. Einleitung. Begriffe vom scheinbaren und wahren Orte eines Punkts im Raume. — Von der Parallaxe; Horizontal- und Höhenparallaxe. Vergleichung der durch die Parallaxe und durch die Refraction (§. 1.) hervorgebrachte Erscheinungen (A. L. Nr. 12.)

§. 22. Gründe dafür: daß die Erde, welche Gestalt und Dimensionen ihr Körper auch haben mag, diese Dimensionen so unbedeutend sind, daß sie gegen die Entfernung der Fixsterne von der Erde, verschwinden oder keinen Maaßstab geben, sogenannt: unendlich klein sind. (Nemlich: die scheinbare Entfernung der Sterne von einander, ist in allen Standpunkten auf der Erde, dieselbe). Nicht so ist es bei der Sonne, dem Monde und den Planeten. — Folgen aus diesem Satze: a) Wo wir auch auf der Erde stehen, oder uns in sie versetzt denken, stehen wir überall im Mittelpunkte der Bewegung der Fixsterne, oder alle jene Standpunkte sind für die Betrachtung des Fixsternhimmels, als zusammenfallend anzusehen. b) Alle Linien von jenen Standpunkten zu einem und demselben Fixsterne gezogen, sind als parallel anzusehen.

§. 23. Gründe für die Kugelgestalt der Erde: a) die mit dem zurückgelegten Wege proportionale Erhebung und Senkung der Sterne, wenn man in der Richtung des Meridians sich fortbewegt nach S. oder N. b) Die verschiedene Zeitzählung (bei Vergleichung genauer Uhren) in demselben Augenblicke, bei der Ortsveränderung nach O. oder W., so wie die veränderte Auf- und Untergangszeit der Sterne hierbei. c) Die Wahrnehmung bei Reisen um, und bei Erhebungen über die Erde. d) Die Erscheinung bei Mondfinsternissen. e) Die physische Erscheinung der allgemeinen

Schwere *). — Ueber die Erleuchtung der Erde von der Sonne.

§. 24. Eintheilung der als Kugel vorausgesetzten Erde nach Kreisen u. s. w. Künstliche Erdkugeln oder Globen. — Erdaxe; Pole, N.= und S.=Pol; Aequator (der Erde); Parallelkreise; Wende= und Polar=Zirkel (sind gleichnamig mit den entsprechenden am Himmel, laut §. 12.); die Beziehung der Lage dieser Erd= und der Himmels=Parallelkreise des Aequators. Eintheilung der Erdoberfläche in die nördliche und südliche Halbkugel, so wie in 5 Zonen: die heiße, die nördlich und die südlich gemäßigte, die nördlich und südlich kalte Zone; Tropengegenden. — Meridiane oder Mittagskreise der Orte auf der Erde. — Die Ekliptik findet keinen entsprechenden Kreis auf der Erde, daher auch ihre Angabe nicht auf Erdgloben gehört (Warum doch, namentlich ältere Erdgloben die Ekliptik zeigen; — wahrscheinlich deshalb: weil, wenn man sich die Zeichnung der Länder u. s. w. auf der Erdoberfläche wegdenkt, die Erdgloben auch für die Kreise am Himmel dienen). Länge und Breite (geographische) auf der Erde, letztere nördlich und südlich; erster Meridian

*) Der oft angegebene Grund für die Kugelgestalt der Erde: weil man bei Reisen die Spitzen entfernter hoher Gegenstände früher als ihren Fuß sieht; ist kein hierher gehörender Beweis. — Gründe für die Abweichung von der Kugelgestalt, gehören noch nicht hierher (§. 28.).

(durch Ferro, oder besser 20° westlich von Paris); Zählung der Länge nach O. bis 360° herum (Die Engländer: östliche und westliche Länge vom Meridian durch Greenwich). — Wahrer und scheinbarer Horizont. — Nebenbewohner, Gegenbewohner, Gegenfüßler (Antipoden). — Loxodromische Linien. — Von den sogenannten Klimaten (Sie sind nicht wesentlich).

§. 25. Aufgaben: die Breite (Latitudo) eines Ortes zu finden (sie ist gleich der Polhöhe); die Länge (Longitudo) zu finden. Beide Coordinaten bestimmen jeden Punkt der Erde (Für Berlin ist die Länge in Zeit 44′ 14″,0 östlich von Paris; demnach von Ferro im Bogen 31° 3′ 30″; die Breite ist bereits §. 12. als 52° 31′ 15″ genannt. — A. L. Nr. 13.) *). Die kürzeste Entfernung zweier Orte auf der Erdoberfläche zu finden. Gebrauch der künstlichen Erdkugel und Lösung von Aufgaben mit ihr. (A. L. Nr. 9.)

§. 26. Erscheinung der Bewegung der Gestirne, — namentlich: erstens für den Lauf der Fixsterne, zweitens für den Sonnenlauf, — für die Bewohner auf den verschiedenen Punkten der Erdoberfläche (Vgl. §. 8.); Standpunkte: unter dem Aequator (gerade Lage der Himmelskugel); unter dem Pole (parallele Lage); zwischen jenen beiden ersten Standpunkten, etwa unter

*) Im Anhange dieser Schrift befindet sich eine Tafel mit den Längen und Breiten einiger Hauptstädte Europas.

einem Wendekreise (schiefe Lage des Himmels). Benennung der Bewohner unter jenen Standpunkten in Beziehung auf den Schattenwurf beim Sonnenschein: unschattige oder zweischattige, umschattige, einschattige. — Wie die Nebenbewohner u. s. w. mit uns in Hinsicht der Tags- und der Jahreszeiten correspondiren. Ueber den Gewinn oder Verlust eines Tages in der Zählung, bei Reisen nach Osten oder nach Westen um die Erde.

§. 27. Messung der Größe der Erde im Allgemeinen. Wie man für zwei unter einem und demselben Meridian liegende Oerter, den Bogen des Meridians zwischen ihnen nach Graden findet (Ist gleich der Differenz der Polhöhen beider Oerter); dieser Bogen wird dann wirklich durch ein Längenmaaß, unmittelbar oder mittelbar (durch Triangulirung) gemessen. Resultat hieraus: die Größe eines Grades wird in 15 gleiche Theile getheilt, dies giebt eine geographische Meile *); der Erdumfang hat hiernach $15.360 = 5400$ Meilen; der Halbmesser der Erde ist hiernach beinahe $\left(r = \frac{p}{2\pi}\right) = 860$ Meilen, Durchmesser $= 1720$ (genauer aber 1719) Meil.; die Oberfläche $(= 4r^2\pi) =$

*) Es verhält sich 1 geograph. Meile: 1 preußische Meile = 14,37 : 15. Ferner: 15 geograph. Ml. = 28 französische Lieus = 60 englische Seemeilen.

9288376 □Ml., der Erd-Inhalt ($= \frac{1}{6} d^3 \pi$) = circa 2663 Millionen Cubikmeilen. — Den Halbmesser eines Parallelkörpers findet man, wenn r der Erdhalbmesser und β die Breite ist, nach der Formel $r . \cos \beta$. — Eine Bogensekunde eines größten Kreises der Erdkugel, ist etwa 98′.

Anmerk. Die bekanntesten allgemeinen Erdmessungen sind: von Eratosthenes (400 v. Chr. Gb.), Posidonius (200 v. Chr. Gb.), Kalif Almamum (827 n. C. G.). — Später von Snellius (1615), Picard (1669), Cassini (1683 bis 1718). Siehe die Anmerkung zum folgenden §.

§. 28. Genauere Bestimmung der Größe und Gestalt der Erde. Gradmessungen, sowol in Meridianen als in Parallelkreisen unternommen, zeigen von einer Zunahme der Größe der Grade eines Meridians vom Aequator gegen die Pole zu *); daher eine abgeplattete Form der Erde, nahe der eines, durch Rotation einer Ellipse um ihre kleine Axe entstandenen Ellipsoids. Bouguer und Candamine maßen in Peru (1735 — 1744), fanden die Größe eines Grades des Meridians gleich 56753 Toisen **); Maupertuis in Lappland (1736 — 1737) fand 1° = 57422 Toisen;

---

*) Siehe die Anmerk. 1. zum §.

**) Eine Toise (als französisches Maaß) = 6 Pariser Fuß; 1 Pariser Fuß: 1 Preußischer (oder 1 Rheinländischer) Fuß = 144 : 139,13.

de la Caille (am Cap) 57040 Toiſ.; Mechain und Delambre (in Frankreich 1792 — 98), fanden 57019 Toiſen; durch dieſe letztere Meſſung ward die Größe des Meter's (neu franzöſiſche Maaß Einheit) als des 10 Millionſten Theils des Meridianquadranten feſtgeſetzt, und hiernach 1 Meter = 0,513074 Toiſen = 3,078444 Pariſer Fuß gefunden (A. L. Nr. 14.). — Der Halbmeſſer zwiſchen den Polen (halbe Polardurchmeſſer oder Polarhalbmeſſer) ergiebt ſich aus jenen Meſſungen = 3260940 Toiſen, der Halbmeſſer des Aequators (halbe Aequatorialdurchmeſſer oder Aequatorialhalbmeſſer) = 3271773 Toiſen; folglich der mittlere Durchmeſſer der Erde = 3266356 Toiſen, und die mittlere Größe eines Erdgrades = $57008\frac{2}{9}$ Toiſen. Die Abplattung der Erde = $\frac{R-r}{R}$ (wenn R und r die zwei Erdhalbmeſſer ſind) iſt hiernach etwa $\frac{1}{300}$ oder circa $R-r=3$ Meilen. — Fortſetzung der Gradmeſſungen bis in die neueſte Zeit; das neueſte Reſultat iſt, daß die Meridiane auch unter einander etwas verſchieden ſind, und keine ſonſt bekannte Form, der Geſtalt der Erde genau entſpricht. Als Mittel ergiebt ſich jedoch: der Polarhalbmeſſer = 19565122 Par. Fuß, und der Aequatorialhalbmeſſer = 19631113 Par. Fuß; die Differenz beider demnach = 65991 Par. F. oder beinahe 2,9 Meilen (alſo nahe 6 Meil. wie oben für die Differenz der Durchmeſſer). Der mittlere Erdhalbmesser kann = 20285574 Rheinländische Fuß gesetzt werden *).

Anmerk. 1. Physische Gründe für die Abplattung der Erde, nemlich wegen ihrer Rotation, so wie aus den Pendelbeobachtungen und dem Einfluß des Mondes, gehören in den dritten Haupttheil der Astronomie (physische Astronomie), wenn auch vorläufig schon hier bei einiger Kenntniß der Physik, die Rede davon sein kann. — Auch die übrigen Planeten finden sich abgeplattet (siehe §. 36.). —

Anmerk. 2. Etwas von der Entwerfung der, die Erdoberfläche darstellenden Karten. — Stereographische-Projection; Orthographische-Projection; Central-Projection; Polar- und Aequatorial-Projectionen; Horizontal-Projection; Merkatarsche-Project. (A. L. Nr. 15.)

II. Vom Copernikanischen Sonnensysteme.

§. 29. Nicolaus Copernikus **) stellte folgendes System auf: A) Die Erde dreht sich in der Zeit eines Sterntags (§. 19., also in 23^h 56′ 4″,1 M. Z.) in der Richtung von W. nach O. um ihre Axe. Gründe dafür: a) der scheinbare tägliche Umschwung des Himmels in der entgegengesetzten Richtung, verbunden mit

*) Hierbei ist der Erdhalbmesser = 859,5 Meilen, jede zu 1966,8 Ruthen à 12′ gesetzt.

**) Geb. 19ten Februar 1473 (nach anderen Angaben: 19ten Januar 1472) zu Thorn, starb 24sten Mai 1543 zu Frauenburg. Seine Biographie steht im 1. Bande von Lichtenbergs physikalischen und mathematischen Schriften. Göttingen 1803.

dem Satze §. 22.; b) spätere Beobachtungen der Axendrehung aller Planeten; c) später entdeckte physikalische Gründe; d) neueste directe Fallversuche von Benzenberg und Reich (A. L. Nr. 16.). — Widerlegung der älteren Einwürfe gegen die Rotation der Erde um ihre Axe. — B) Die Erde bewegt sich in Zeit von einem Jahre gemeinschaftlich mit den übrigen Planeten in Kreisen (siehe §. 41.), jedoch von verschiedenen Halbmessern und verschiedenen Umlaufzeiten für die anderen Planeten, um die Sonne; die Erde ist demnach ein Planet. Die Folge der Planeten ist hiernach *): am nächsten der Sonne ist der Merkur, dann Venus, Erde, Mars, Jupiter und Saturn. Der Mond ist ein Nebenplanet, bewegt sich um die Erde, mit dieser demnach gemeinschaftlich um die Sonne **). — Die Richtung der Bewegung aller Haupt-Planeten, ist hierbei von der Sonne aus gesehen oder heliocentrisch, von der Rechten gegen die Linke (also vorwärts; §. 8.) ***); doch sind die Ebenen der Bahnen der Planeten gegen die Ebene der Erdbahn, welche nunmehr mit der scheinbaren Sonnen-

*) Die fünf neueren Planeten (siehe §. 30.) kannte Copernikus noch nicht.

**) Das Fernere über den Mond, bleibt bis §. 44 u. f. ausgesetzt.

***) Die Angabe welche man öfter findet: die Erde bewege sich um die Sonne in der Richtung von O. nach W., ist aus einfachen Gründen einseitig oder nicht bestimmt genug.

bahn oder der Ekliptik eine und dieselbe Ebene ist, geneigt. — Gründe für alle diese Behauptungen: a) das tägliche Voreilen der Firsterne um circa 4′ (§. 17.), und hiernach der Unterschied zwischen der Stern- und Sonnenzeit; b) der scheinbar ganz unregelmäßige Lauf der Planeten von der Erde aus oder geocentrisch, gesehen, wird regelmäßig (die Erscheinung des Stillstehens, Vorwärts- und Rückwärtsgehens, erklärt sich ganz einfach); c) die auf genannte Bewegung begründeten Rechnungen, geben richtige Resultate; d) die in neuern Zeiten durch Bradley (1725 zu Greenwich) gemachte Entdeckung der Aberration des Lichtes der Firsterne, giebt einen directen Beweis (Das allgemeinste über diese, auch Abirrung des Lichts genannte Erscheinung, kann hier wol angeführt werden). — Widerlegung der Gründe gegen die jährliche Bewegung der Erde, und das hiermit zusammenhängende wichtige Resultat: daß auch der Durchmesser der Erdbahn, verschwindend klein, gegen die Entfernung der Firsterne von der Erde ist; die jährliche Parallaxe der Firsterne, oder die Parallaxe der Erdbahn, ist daher sehr klein, mindestens kleiner als 1 Secunde. — Der geocentrische Ort der Sonne, und der heliocentrische Ort der Erde, sind immer um 180° in der Ekliptik verschieden. — C) Die Erdaxe ist gegen die Ebene der Ekliptik (oder Ebene der Erdbahn) unter dem ∠ 66° 30′ (Complement der Schiefe der Ekliptik; §. 12, demnach genauer 66° 32′ 13″)

geneigt, und bleibt sich bei der Bewegung der Erde um die Sonne (fast) parallel. Gründe dafür: die scheinbare jährliche Bewegung der Sonne um die Erde in einer schraubenförmigen Curve, so wie alle hiervon abhängigen Erscheinungen (§. 15 und 16.), namentlich die Erleuchtung der Erde von der Sonne in den verschiedenen Jahreszeiten, erklären sich ganz einfach hiernach; die verschiedenen Jahreszeiten sind also eine Folge der schiefen Neigung der Erdaxe gegen die Erdbahn *). — Einige Betrachtungen: wie die Erscheinungen und Erfolge sein würden, wenn die Erdaxe nicht schief gegen die Erdbahn geneigt wäre. Auch die übrigen Planetenaxen sind gegen die Ebenen ihrer Bahnen geneigt. — D) Die Erdaxe bleibt sich nicht genau parallel, sondern bewegt sich in der Richtung von W. nach O. im platonischen Jahre (§. 18.) um sich selbst. — Hieraus erklärt sich vollständig die Erscheinung der Präcession (§. 18.). — Ueber die sogenannte Nutation oder Schwankung der Erdaxe, kann historisch etwas gesagt werden. —

Anmerk. Die Kenntniß der älteren Sonnensysteme, gehört der Geschichte der Astronomie an. Doch ist wol das sogenannte Ptolemäische (zu Alexandrien 150 n. C. G.) zu beachten, nach welchem die Erde im Mittelpunkte des

*) Ueber die größere Intensität (innere Stärke) der Wärme, je mehr die Sonnenstrahlen sich dem senkrechten Einfallen nähern, kann etwas gesagt werden.

3*

Himmels steht; um sie soll sich bewegen in stets erweiterten Kreisen: zunächst der Mond (☾), dann der Merkur (☿), die Venus (♀), die Sonne (☉), Mars (♂), Jupiter (♃), Saturn (♄). Ueber den Saturn hinaus kommt der Fixsternhimmel. — Diese sogenannten sieben Planeten der Alten, dienen noch heute in den Kalendern zur Bezeichnung der Wochentage; nemlich: Sonntag ☉, Montag ☾, Dienstag ♂, Mittwoch ☿, Donnerstag ♃, Freitag ♀, Sonnabend ♄. — Auch ist das sogenannte System des Tycho de Brahe *) zu beachten, besonders deshalb, weil es von diesem Astronomen später als Copernikus lebte, aufgestellt wurde; nach diesem steht die Erde im Mittelpunkte des Sonnensystems unbeweglich; zunächst um sie bewegt sich der Mond, dann die Sonne, um welche sich die übrigen damals bekannten 5 Planeten wieder in Kreisen, mit der Sonne gemeinschaftlich sich also um die Erde, bewegen sollten. — Man findet die Zeichnungen dieser verschiedenen Systeme, unter andern auf den letzten Blättern des Himmelsatlasses von Doppelmaier (Nürnberg 1742), welche auch andere astronomische Zeichnungen enthalten.

III. Nähere allgemeine Betrachtung des Sonnensystems.

§. 30. Zu den sechs zu Copernikus Zeiten bekannten Planeten, wurden viel später durch Hülfe der

---

*) Geb. 19ten Dezember 1546 zu Knud-Strup in Dänemark, starb 24sten October 1601 zu Prag. Berühmter practischer Astronom; seine Sternwarte zu Uranienburg auf der Insel Hween im Sunde.

Fernröhre noch fünf entdeckt. Nemlich: am 13ten März 1781 entdeckte Herschel (in England, bei Windsor) den Uranus jenseits der Bahn des Saturns; am 1sten Januar 1801: Piazzi (zu Palermo) die Ceres; 28sten März 1802: Olbers (zu Bremen) die Pallas; 1sten September 1804: Harding (zu Lilienthal) die Juno; 29sten März 1807: Olbers die Vesta. Diese 4 letzten Planeten, (auch wol Asteroiden oder die 4 neuen oder kleinen Planeten genannt), sind in fast gleichen Entfernungen von der Sonne, ihre Bahnen sind zwischen denen des Mars und des Jupiters. Die aufsteigende Ordnung der eilf (bis jetzt bekannten) Hauptplaneten von der Sonne, ist, nebst ihren Bezeichnungen demnach: 1) Merkur ☿, 2) Venus ♀, 3) Erde ♁, 4) Mars ♂, 5) Vesta ⚶, 6) Juno ⚵, 7) Ceres ⚳, 8) Pallas ⚴, 9) Jupiter ♃, 10) Saturn ♄, 11) Uranus ♅. — Wir betrachten zunächst die Bahnen noch als kreisförmig.

§. 31. Eintheilung der Planeten von der Erde aus betrachtet, in 2 untere und 8 obere Planeten. Adspecten (§. 9.); für die unteren Planeten: untere und obere Zusammenkunft oder Conjunction (☌); sie kommen nicht in Gegenschein oder Opposition (☍), auch nicht in Geviertschein oder Quadratur (□) mit der ☉; ihre größte Ausweichung oder Digression von der Sonne östlich und westlich; für ♀ 47° 48′, für ☿ 18° 20′; ihre Lichterscheinungen; sie werden Abend- und Morgensterne, obgleich Venus diese Benennung nur allein erhält (Hesperus und Lucifer); ihre scheinbare Größe von der Erde aus gesehen; die 2 unteren Planeten können vor der Sonnenscheibe vorüber gehen (Genannt: Durchgang durch die Sonnenscheibe). — Für die oberen Planeten: nur eine ☌ und einen ☍, eine östliche und westliche □; ihre Lichterscheinungen hierbei. — Ueber die veränderliche Entfernung sämmtlicher Planeten zu verschiedenen Zeiten von der Erde. — Allgemeine Betrachtungen über die scheinbare Bewegung der Planeten zur Zeit der verschiedenen Stellungen in ihrer Bahn gegen den Ort der Erde. — Geocentrischer (§. 29.) und heliocentrischer Ort der Planeten.

§. 32. Umlaufzeit der Planeten. — Synodische Umlaufzeit (Rückkehr zu gleicher Stellung gegen die Sonne); wird unmittelbar beobachtet, und daraus die wahre oder syderische Umlaufzeit berechnet. Ausführung dieser Berechnung für eine vorausgesetzte Kreisbahn. Tropische Umlaufzeit; ist nur wenig kürzer als die syderische. (Siehe den Anhang, die Tafel, Spalte I. und II.) *).

*) Eine sehr genaue ausführliche Zusammenstellung der in der Tabelle angegebenen und vieler anderen Elemente des Sonnensystems, findet man in dem in der Literatur des Anhang Nr. 24. 5. genannten Werke von Gruithuisen, so wie in den meisten der unter Nr. 2 und 3. genannten Werke.

§. 33. Neigung der Ebenen der Planetenbahnen gegen die (Ebene der) Ekliptik, und von der Reduction jener Neigung auf die Ebene der Ekliptik. — Ueber die Beobachtung dieser Neigung zur Zeit der größten Breite des Planeten. (Siehe die Tafel Spalte III). — Knotenlinie und Knoten; aufsteigender Knoten ☊, und niedersteigender Knoten ☋. — Die Knotenlinien gehen durch die ☉, ändern aber ihre Lage durch eine Vorwärtsbewegung im Sonnensysteme (Siehe die Tafel Spalte IV.). — Heliocentrische und geocentrische Länge und Breite der Planeten (Die gerade Aufsteigung und Abweichung (§. 12.), wird nur geocentrisch bestimmt).

Anmerk. Zu einer weitern Ausführung der hierbei vorkommenden Berechnungen, namentlich der Triangel zwischen den drei Punkten: ☉, ♁ und den Planeten, dienen noch folgende Benennungen: Reduction des Triangels auf die Ekliptik; Argument der Breite; Commutationswinkel; Elongationswinkel, u. a. m.

§. 34. Verhältnißmäßige Entfernungen der Planeten von der Sonne, wenn die Entfernung der Erde von der Sonne als Einheit gesetzt wird. Mittel diese zu finden; unter anderen aus der größten Ausweichung der unteren Planeten, und wenn die oberen Planeten in der □ sind. — Die Entfernungen von der Sonne differiren zu verschiedenen Zeiten von einander; größte, kleinste und mittlere Entfernung; Folge hieraus. — Abstrahirt man von kleinen Differenzen, so ergiebt sich in runden Zahlen aus der Vergleichung der Entfernungen der verschiedenen Planeten von der Sonne, folgende merkwürdige Progression: ☿ = 4, ♀ = 7 (=4+1.3), ♁ =10(=4+2.3), ♂ =16(=4+4.3), die vier neuen Planeten = 28(= 4 + 8.3); ♃ = 52 (= 4+16.3), ♄ = 100(=4+32.3), ♅ =196 (= 4 + 64 . 3) *).

§. 35. Die Horizontalparallaxe der Sonne, aus dem Durchgange der unteren Planeten durch die Sonnenscheibe (§. 31.) zu finden (A. L. Nr. 17.). Aus dem Durchgange der Venus in den Jahren 1761 und 1769, ist jene Parallaxe (in der mittlern Entfernung der ♁ von der ⊙) gleich 8″,5776 gefunden, wonach die Sonne circa 24046 Erdhalbmesser, also (laut §. 27.) 20666800 Meilen in der mittleren Entfernung, von der ♁ entfernt ist. Laut §. 34. ergeben sich nun auch die absoluten Entfernungen der übrigen Planeten von der Sonne. Die (stets verschiedenen) Entfernungen der Planeten von der Erde zu berechnen.

Anmerk. Bemerkung des Satzes: die Horizontalparallaxe eines Gestirns, ist gleich demselben Winkel, unter welchem vom Gestirne aus, der Halbmesser der ♁ erscheint. —

*) Ehe Uranus entdeckt war, kannte man schon jene Progession, und weil da, wo später die 4 neuen Planeten entdeckt wurden, die Progression (bei 28) gleichsam aussetzte; so schloß man: daß hier noch ein Planet, zwischen ♂ und ♃ sein mögte; man fand deren jedoch vier.

Die Horizontalparallaxen verhalten sich, wenn sie klein sind, nahe wie die Entfernungen der Gestirne v. d. ♁.

§. 36. Die wahre Größe der Planeten, aus ihrer beobachteten scheinbaren Größe (§. 4.), und der wahren Entfernung von der Erde (§. 35.) zu berechnen *); zunächst ihre Durchmesser, dann ihre Oberflächen, und ihre Inhalte; die Angabe der Inhalte ist gewöhnlich im Verhältniß zur Erde als Eins gesetzt (Siehe die Tafel Spalte V.). — Z. B. für die Sonne ist der größte scheinbare Durchmesser 32′ 36″, der kleinste 31′ 31″, das Mittel daher 32′ 3″,5; für die mittlere Entfernung von 12023 Erddurchmesser, folgt aus einer leichten Berechnung, daß der Sonnendurchmesser = 112 Erddurchmesser ist; ihre Oberfläche übertrifft demnach die der Erde um $112^2 = 12544$ Mal, und ihr Inhalt den der Erde um $112^3 = 1404928$ Mal.

Anmerk. Von der Neigung der Axen der Planeten gegen ihre Bahnen, und von der Axendrehung der Planeten, ist schon §. 29., von ihrer Abplattung in §. 28. Anmerk. 1. die Rede gewesen (Siehe die Tafel, Spalte VI).

§. 37. Nebenplaneten (Trabanten) oder Monde hat unser Sonnensystem, so viel bis jetzt bekannt ist 18. Nemlich: die Erde hat einen; die ande-

*) Aus der scheinbaren Größe eines Gestirns, kann man bereits berechnen, wie viele seiner Durchmesser, seine Entfernung von der Erde ist; z. B. für die ☉ ist 32′ 3″,5 jener Duchmesser; sie ist daher circa 108 ihrer Durchmesser von der Erde entfernt.

ren 17 Monde sind nur durch Fernröhre sichtbar; sie befinden sich: 4 beim Jupiter, 7 beim Saturn und 6 beim Uranus. — Sie bewegen sich alle um ihre Hauptplaneten vorwärts (rechts nach links), in Bahnen die mehr oder weniger gegen die Bahnen der Hauptplaneten geneigt sind. Die Elemente ihrer Bewegungen um ihre Planeten aber folgen analogen Gesetzen, wie die der Hauptplaneten um die Sonne. Unseren Mond ausgenommen, kann die Angabe der Elemente der Trabantenbahnen u. s. w. hier dahingestellt bleiben. — Zu beachten ist aber, daß durch die Bewegung der Monde des Jupiters, (diese wurden entdeckt 1610 durch Mayer und Galiläus-Galilài) durch den dänischen Astronomen Olaf Römer, 1675 entdeckt ward, daß das Licht mit einer Geschwindigkeit von 41000 Meilen in 1 Secunde sich fortbewegt. Hiernach braucht das Licht 8′ 13″ um von der ☉ zur ♁ zu kommen. —

§. 38. Vom Ringe des Saturns. Beschreibung des Ringes; entdeckt 1660 durch den Holländer Huyghens; die Dicke des Ringes ist etwa $\frac{1}{90}$ vom Halbmesser des ♄; der Abstand des innern Kreises des Ringes und die Breite des Ringes, verhalten sich zum Halbmesser des Planeten, wie die Zahlen 43 zu 67 zu 90. Der Ring besteht aus zwei (nach den neusten Beobachtungen noch aus mehr) concentrischen Ringen, die sich in ihren Breiten, von innen nach außen genommen, wie 8 zu 5 verhalten. — Der Ring dreht sich in seiner Ebene um den Saturn. — Ueber das Oeffnen und Schließen des Ringes von der Erde aus beobachtet; veränderliches Verhältniß beider scheinbaren Durchmesser des elliptisch erscheinenden Ringes.

§. 39. Von den Kometen. Aussehn der Kometen; Kern, Kopf, Schweif; über die Richtung des Schweifs. Die meisten Kometen sind nur durch Fernröhre sichtbar oder sogenannte telescopische Kometen. Ueber die Anzahl der Kometen; Schwierigkeit sie zu beobachten; sie gehören so viel bis jetzt bekannt, alle zu unserem Sonnensysteme. Die Bewegung ist von einigen rückwärts (rückläufig) von andern vorwärts (rechtläufig). Große Neigung ihrer Bahnen gegen die Ekliptik. Ihre Bewegung erfolgt in sehr gestreckten Ellipsen, in deren einem Brennpunkte die Sonne steht; sehr verschiedene Geschwindigkeiten in ihren Bahnen (Siehe §. 41. Anmerk.). Bis jetzt sind nur viere in ihren Bahnen genau bekannt; sie führen die Namen von den Astronomen die ihre Bahnen zuerst bestimmten; nemlich: der Halley'sche Komet; seine Bahn ward von Halley bei seiner Erscheinung 1682 berechnet. Der Olbers'sche Komet ward 1815 entdeckt. Der Encke'sche Komet (von Pons zu Marsielle) 1818 entdeckt, und seine Bahn auch zu jener Zeit durch Encke bestimmt. Der Biela'sche Komet, 1826 (zu Josephstadt) entdeckt und seine Bahn bestimmt. Die zu bemerkenden Elemente der Bahnen dieser 4 Kometen sind:

Komet von	Umlaufzeit	Neigung der Bahn	Richtung der Bewegung.	Entfernung von d. ☉, die Entfern. d. ♁ v. d. ☉ = 1.	
				Größte Entfernung	Kleinste Entfernung.
Halley	28007 Tage = 76 Jahre	17° 44′	rückläufig	35,4	0,6
Olbers	fast = 74 Jahre	44° 31′	rechtläufig	34,0	1,2
Encke	$1211\frac{3}{4}$ Tage = $3\frac{1}{3}$ Jahre	13° 21′	rechtläufig	4,1	0,4
Biela	$2465\frac{1}{2}$ Tage = $6\frac{3}{4}$ Jahre	13° 13′	rechtläufig	6,2	0,9

Muthmaßungen über die Kometen. Ueber ein Zusammenstoßen mit der Erde. Der von 1811 soll 2888 Jahre zum Umlaufe brauchen. — Die Literatur der Monographie der Kometen ist sehr groß; besonders ward sie vermehrt bei Gelegenheit der auf 1835 berechneten und erfolgten Wiederkehr des Halley'schen Kometen (A. L. Nr. 18.).

§. 40. Von der Sonne. Außer dem was von der Sonne bereits gesagt ist, und noch folgen wird; soll hier noch auf die in ihr erscheinenden Flecken, und die Meinungen über diese aufmerksam gemacht werden, so wie auf ihre Rotation, welche in etwa 25 Tagen 12^h erfolgt. Sie hat demnach eine Axe, deren Neigung (aus der Bewegung der Flecke bestimmt) 7° 50′ gegen die Ebene der Ekliptik beträgt. — Ihr erweiterter Aequator würde sich (statt der Ebene der Ekliptik) gut zu einer Ebene eigenen, auf welche die Planetenbahnen zu reduciren sind. — Vom Zodiakallichte (A. L. Nr. 19.).

Anmerk. Meinungen über den Ursprung des Sonnensystems, gehören noch nicht zu einem wissenschaftlichem Vortrage in der Astronomie; doch gehören sie zur Physik des Himmels (§. 2.). —

IV. Genauere Bestimmungen der Planetenbahnen.

§. 41. Das nicht genaue Uebereinstimmen der Erscheinungen am Himmel mit den Berechnungen der Planetenerscheinungen, unter der Voraussetzung einer Kreisbahn für die Planeten, namentlich die Erscheinungen des Mars; veranlaßte Johann Keppler *),

*) Geb. am 27sten Dezember 1571 zu Weil im Würtembergischen, gest. am 15ten November 1630 zu Regensburg. Siehe: Johann Keppler's Leben und Wirken, nach neuerlich aufgefundenen Manuscripten, bearbeitet vom Freiherrn von Breitschwert. Stuttgart 1831.

aus den bekannten Beobachtungen, namentlich des Tycho de Brahe (siehe §. 29. Anmerk.) eine solche Bahn zu bestimmen, welche mit den Erscheinungen übereinstimmte. Durch unermüdet fortgesetzte Berechnungen, fand er (15. Mai 1618) die folgenden, nach ihm genannten drei Keppler'schen Gesetze oder Analogien:

I. Die Planeten bewegen sich in Ellipsen, in deren einem Brennpunkte die Sonne steht, um die Sonne. — Es versteht sich, daß die schon genannten Resultate: die Bewegungen sind für alle Planeten heliocentrisch vorwärts, und erfolgen in Bahnen, welche geneigt gegen die Ebene der Erdbahn sind (§. 29.), dieselben bleiben. — Daß die Erde sich in einer Ellipse um die Sonne bewegt, ergiebt sich bereits aus den verschieden erscheinenden Durchmessern der Sonne (§. 36.), wonach eine elliptische Bahn, der scheinbaren jährlichen Bewegung der Sonne um die Erde, oder der wahren Bewegung der Erde um die Sonne, mit dem Orte der Sonne in einem Brennpunkte der Ellipse, entspricht *). — Die für die Planetenbahnen hierbei vorkommenden Benennungen sind: Absidenli-

*) Die allgemeinen Lehren der Ellipse werden hier als bekannt vorausgesetzt; namentlich die Benennungen: große und kleine Axe, Excentricität (und deren Relation zu den Axen), Brennpunkt, Radius-Vector oder Zuglinie (Brennstrahl, Leitlinie u. s. w.).

nie (große Axe), Sonnenferne oder Aphelium und Sonnennähe oder Perihelium, gemeinschaftlich Absiden genannt; Excentricität; mittlere Entfernung des Planeten von der Sonne (gleich halbe große Axe; findet an den Endpunkten der kleinen Axe statt); Radius-Vector oder bloß Vector genannt (Siehe die Tafel, Spalte VII). — Eine Folge der Beobachtungen ist die Erscheinung, daß die Absidenlinien ihre Lage in Räume allmählig ändern; Perioden der ganzen Umdrehung der Absidenlinie; ihre Lage für eine gewisse Epoche*), wenn z. B. die heliocentrische Länge des Periheliums für 1801 gegeben ist. Die Bewegung der Absidenlinie ist für alle Planeten, außer für die Venus, vorwärts (S. d. Taf. S. VIII.). Anomalistisches Jahr; = 365,2597 Tage.

II. Die Planeten bewegen sich mit ungleichen Geschwindigkeiten in ihren Bahnen; vom Aphelium (von wo man die Bewegung an betrachtet) zum Perihelium, ist die Bewegung beschleunigt, vom Perihel. zum Aphel. (in der 2ten Hälfte zur Bahn) verzögert; die mittlere Geschwindigkeit ist an den Endpunkten der kleinen Axe (wo auch die mittlere Entfernung statt findet). Das 2te Kepplersche Gesetz bestimmt die Geschwindigkeiten bei der Bewegung eines Planeten nun

*) Die analoge Erscheinung für die Knotenlinien (§. 33.) ist zu vergleichen, und nicht zu verwechseln. Die Lagen beider Linien (Absiden- und Knotenlinie) sind unabhängig von einander.

so: Die von den Vectoren beschriebenen Flächen, verhalten sich wie die Zeiten (Es werden demnach in gleichen Zeiten gleiche Flächen, mithin, wie erwähnt, ungleiche Bogen beschrieben, d. h. die Geschwindigkeiten folgen den so eben angeführten Gesetzen). — Schwierigkeiten der Berechnungen für den Ort eines Planeten zu einer bestimmten Zeit.

Anmerk. Bei genauen Berechnungen der Bewegung der Planeten, welche in eine Ausführung der Astronomie gehören, kommen folgende Elemente und Benennungen vor: mittlere Winkelbewegung oder mittlere Geschwindigkeit; wahre Geschwindigkeit; Mittelpunktsgleichung (ist die Differenz jener zwei Geschwindigkeiten); mittlere-, wahre- und excentrische-Anomalie. — Vor allem ist es wichtig, die, doch nur auf der Erde anzustellende (geocentrische) Beobachtungen, auf die Erscheinungen, als von der Sonne — dem gemeinschaftlichen Centrum der Bewegung — aus gesehen (heliocentrisch) zu reduciren. — Beständige Correctionen der astronomischen Tafeln.

III. Bei der Vergleichung der mittleren Entfernungen der Planeten von der Sonne, und der Umlaufzeiten, fand Keppler das 3te Gesetz: Es verhalten sich die Quadrate (2te Potenzen) der mittleren Entfernungen (oder der großen Axen, als doppelte mittlere Entfernungen) wie die Cuben (3te Potenzen) der Umlaufzeiten *). — Dies 3te Gesetz, so fern

*) Zur etwa nöthigen Erläuterung dieses Gesetzes diene: die Entfernung der Erde von der Sonne ist (circa) 21 Millionen

es durch Keppler nur *empirisch* gefunden ward, kann *hiernach* noch nicht dienen, unbedingt die Entfernung eines Planeten aus seiner Umlaufzeit (oder letztere Größe aus der ersteren) zu berechnen; — sondern erst dann, wenn es als *nothwendig* bewiesen ist, was sowol für dieses, als die zwei ersteren Gesetze in der physischen Astronomie geschieht (Siehe §. 55.).

Anmerk. Die zwei ersten Kepplerschen Gesetze, finden auch auf die Kometenbahnen Anwendung.

§. 42. Die von einander unabhängigen Elemente einer Planetenbahn, sind nach dem bisher Gesagtem folgende 7: 1) die große Axe (deren Hälfte gleich der mittlern Entfernung des Planeten von der Sonne ist), 2) die Excentricität (beide Größen Nr. 1. und 2. bestimmen die *kleine* Axe, mithin die *Form der Bahn*), 3) Neigung der Bahn gegen die Ekliptik, 4) Länge (heliocentrische) des aufsteigenden Knotens (also die Lage der Knotenlinie im Raume), 5) Länge (heliocentrische) des Periheliums (also die Lage der Absidenlinie im Raume; Nr. 3. 4. und 5. bestimmen *die Lage der Bahn im*

Meilen; die Erde braucht *ein* Jahr zum Umlaufe; Uranus braucht 84 Jahre zum Umlaufe; wie weit ist ♅ von der ⊙ entfernt? — *Antwort:* gesetzt x; so ist wenn die Entfernung der Erde $= 1$ gesetzt wird, $1^2 : 84^2 = 1^3 : x^3$ d. h. $1 : 84^2 = 1 : x^3$, woraus $x^3 = 7056$, also $x = 19{,}1$, mithin ♅ von der ⊙, $19{,}1 \times 21$ Mill. $= 401$ Millionen Meilen weit sich ergiebt.

Raume gegen die Ekliptik), 6) Umlaufzeit des Planeten, 7) Heliocentrischer Ort des Planeten in seiner Bahn an einem bestimmten Zeitpunkte (sogenannte Länge in der Epoche). — Wie nun aus den bekannten Beobachtungen, diese Elemente, und aus ihnen so wie aus den bekannten Aenderungen einiger derselben (z. B. der Absiden= und der Knotenlinie), die Planetenerscheinungen berechnet werden; gehört, wie in der vorletzten Anmerk. gesagt ist, in einen ausführlichen Vortrag der Astronomie. — Die Angabe dieser Elemente, ist in der Tafel des Anhangs unter den entsprechenden Ueberschriften zu finden. — Um Berechnungen für Planetenerscheinungen auszuführen, gehören astronomische Tafeln (A. L. Nr. 20.).

§. 43. Angaben für die Bewegung der Erde. — Da alles was die Bahn der Erde betrifft, analog den Bahnen der anderen Planeten ist, und die Elemente der Erdbahn schon genannt oder in der Tafel zu finden sind; so sollen hier nur noch einige leicht zu berechnende Zahlenwerthe stehen, welche vielleicht einige Aufmerksamkeit verdienen, für die übrigen Planeten aber, etwa in Tafeln anzuführen, keinen besonderen Werth hat. — 1) Die größte tägliche Geschwindigkeit der ♁ in der Bahn, ist (heliocentrisch gesehen, im Bogen) 1°,0194, die kleinste tägliche Geschwindigkeit 0°,9532, das Mittel 0°,9863 (Vergl. §. 19.); am 1sten Januar ist die ♁ der ☉ am nächsten (in der Sonnennähe) und ihre Geschwindigkeit am größten, am 1sten Juli ist die Erde in der Sonnenferne und die Geschwindigkeit am kleinsten. Vom Herbstäquinoctium bis zum Frühlingsäquinoctium, sind 7 Tage weniger, als in dem anderen Theile der Bahn. 2) Die Absidenlinie rückt jährlich 32″,8 (heliocentrisch) vorwärts; am 1sten Januar 1801 war die Länge des Apheliums 3 Z. 9°,5, also 9½° im Krebs (§. 13.), der Ort des Periheliums also 6 Zeichen weiter. 3) In 23^h 56′ bewegt sich jeder Punkt des Aequators durch die Rotation der ♁ um 5400 Meil., in 1″ um 1478,5 Fuß fort (§. 27.) *). 4) Der Umfang der Erdbahn ist 129844330 geographische Meilen. 5) Die ♁ geht in ihrer Bahn im Mittel stündlich 14812, also täglich 355488 Meilen, in 1 Secunde daher etwa 4,1 Meilen fort. 6) Da die größte Entfernung der ♁ von der ☉ 21015101 Meilen, die kleinste gleich 20318499 Meil. ist; so ist die Excentricität circa 350000 Meilen, demnach das Verhältniß der großen Axe zur kleinen wie 1,031416 : 1; oder setzt man die mittlere Entfernung, welche 20666800 Meil. ist, gleich 10000, so ist die Excentricität etwa 168. Demnach ist die Form der Ellipse der Erdbahn, wenig von einem Kreise abweichend, und diese Abweichung ist kaum zu zeichnen möglich.

*) Der wahre Weg eines Punkts im Aequator, ist im Raume eine elliptische Epicicloide.

V. Vom Monde.

§. 44. Scheinbare Mondbahn. — Während der Mond der scheinbaren Bewegung des Himmels, täglich von O. nach W. folgt, hat er eine eigene Bewegung von W. nach O., so daß er bei jener ersten, mit den übrigen Gestirnen gemeinschaftlichen Bewegung, gleichsam zurück bleibt. Die Zeit während welcher er auf diese Weise wieder zu demselben Sterne zurück kehrt, heißt ein syderischer Monat; er beträgt *) $27^t\ 7^h\ 43'\ 11'',56$; so daß hiernach der Mond täglich im Mittel circa $\frac{360}{27\frac{1}{3}} = 13\frac{1}{3}°$ von W. nach O. rückt **). Da aber in dieser Zeit, wegen der Präcession, der mit dem Sterne bei der vorhergehenden Stellung des Mondes, zusammenfallende Punkt der Ekliptik, etwas zurück gewichen (§. 18.), dem Monde also gleichsam entgegen gekommen ist; so hat der Mond diesen Punkt etwas früher, etwa 7 Secunden, als den Stern erreicht. Des Mondes Umlauf in Beziehung auf die Wiederkehr zu demselben Punkte des Himmels, heißt ein tropischer oder periodischer Monat; er beträgt $27^t\ 7^h\ 43'\ 4'',72$. Indem aber die Sonne in dieser Zeit bedeutend (circa um 27°) in ihrer scheinbaren Bahn zur Linken fortge-

*) Die Bezeichnung t bedeutet mittlere Sonnentage.

**) Hiernach erklärt sich das täglich spätere Aufgehen des Mondes gegen den vorhergehenden Tag, von, jedoch nur sehr beiläufig, im Mittel von fast 1 Stunde.

rückt ist, braucht der Mond (bei der täglichen eigenen Bewegung von circa $13\frac{1}{3}°$, noch über 2 Tage) noch längere Zeit, um wieder zur Sonne zurück zu kehren (wenn er z. B. beim vorhergehenden Erscheinen bei jenem Sterne und Punkte am Himmel, auch mit der ☉ zusammen gestanden hätte), aber in Beziehung zur ☉ einen Umlauf von der ♁ aus gesehen, zu vollenden. Diese Umlaufzeit heißt ein synodischer Monat, und beträgt 29^t 12^h 44′ 2″,86. Zwölf synodische Monate, machen ein Mondjahr, welches also $10^t 21^h$ 0′ 17″,8 kürzer als das tropische Sonnenjahr (§. 18.) ist. — 19 tropische Sonnenjahre machen fast 235 synodische Monate aus, so daß nach 19 Jahren (Mondzirkel genannt) die Neu- und Vollmonde beinahe wieder auf dieselben Jahrestage fallen. Die Bahn welche der Mond hierbei durchläuft, ist gegen die Ekliptik unter einem Winkel von circa 5° (genau im Mittel 5° 8′ 47″) *) geneigt, und die Durchschnittlinie beider Ebenen, heißt auch hier die Knotenlinie der Mondbahn, mit den beiden Benennungen und Bezeichnungen ☊ und ☋ wie in §. 33. für die Planetenbahnen. Der ☾ hat also 0° Breite, wenn er in seinen Knoten ist, daher circa 5° Breite, N. oder S., wenn er 90° von den Knoten ist. Betrachtungen über diese Standpunkte zur Ekliptik, beim Vergleiche der Lage der Ekliptik gegen den Horizont und

*) Sie ist veränderlich und steigt von 5° bis 5° 17′ 34″.

den Aequator, woraus sich das Maximum und Minimum der Höhe des Mondes (bei seiner Culmination) bei bekannter Polhöhe ergiebt (Für $52\frac{1}{2}°$ ist das Maximum circa $= 37\frac{1}{2} + 23\frac{1}{2} + 5 = 66°$; das Minimum $= 37\frac{1}{2} - (23\frac{1}{2} + 5) = 9°$). Hiernach ist der im Allgemeinen hohe Stand des Mondes im Winter, so wie sein tiefer Stand im Sommer, mithin die Zeit während welcher er täglich über dem Horizonte steht, zu erklären. Sein täglich scheinbarer Umlauf von O. nach W., ist nur sehr beiläufig als in einem Parallelkreise des Aequators anzunehmen, weil sich seine Breite, mithin auch die Abweichung (D.) stets ändert. — Die Knotenlinie hat aber eine rückläufige Umdrehung (von links nach rechts, mithin der eigenen scheinbaren Bewegung entgegengesetzt) von jährlich — 19° 19′ 43″,4 (das Zeichen — bedeutet die rückläufige Bewegung), mithin eine tropische Umdrehzeit von 18 Jahren 224ᵗ (das Jahr zu $365\frac{1}{4}$ᵗ, also julianische Jahre; §. 20.) *); am 1sten Januar 1801 war die (geocentrische) Länge des aufsteigenden Knotens 0 Z. 13° 54′ 21″,2 (also etwa 14° im Widder). — Drakonistischer oder Drachenmonat und drakonistisches Jahr.

§. 45. Unter der Voraussetzung einer kreisförmigen Bahn der Erde um die Sonne, und eben so

*) Genau: tropische Umdrehzeit der Knotenlinie 6798ᵗ 4ʰ 14′ 56″; syderische Umlaufzeit 6793ᵗ 6ʰ 51′ 39″.

für die Bewegung des Mondes um die Erde in einer Kreisbahn; ist die eigentliche Bahn des Mondes im Raume, eine Epicycloide, welche sich wegen der nicht völligen Kreisbahnen, etwas ändert. — Erscheinungen hierbei (daß der Mond bald der Erde vorangeht, bald ihr folgt; u. dgl. m.). — Aus dieser Bahn erklärt sich schon ganz einfach der Unterschied zwischen dem syderischen und synodischen Monat. — Die Beobachtungen des Mondes zeigen deutlich, daß er uns immer dieselbe Seite zukehrt, folglich in einem syderischen Monate eine Axendrehung (sehr gleichförmige) macht. Die hiernach stattfindende Axe des Mondes, macht mit der Ekliptik einen Winkel von 88° 31′ (oder der Mondäquator ist gegen die Ekliptik um 1° 29′ geneigt). — Libration oder Schwankung des Mondes in der Länge (parallel der Ekliptik) und in der Breite (senkrecht zur Ekliptik). Wie vom Monde aus das Sonnensystem, namentlich die Erde und deren Bewegungen, erscheinen (Die Erde zeigt dem Monde auch Phasen; §. 5.). Reflection des Erdlichts gegen den Mond. — Von der Oberfläche des Mondes. — Messung der Höhe der Mondberge (A. L. Nr. 21.).

§. 46. Wahre Mondbahn. Die verschiedenen scheinbaren Durchmesser des Mondes, welche von 29′27″ bis 33′ 32″ gehen, deuten auf eine Abweichung der Mondbahn von einer Kreisbahn. Eine elliptische Bahn in deren einem Brennpunkte die Erde steht, entspricht den Erscheinungen. Außer diesem ersten Kepplerschen Gesetze, hat sich auch beim Monde das zweite jener 3 Gesetze (§. 41.) bestätigt. Das dritte Gesetz, kann natürlich bei einem Monde eines Hauptplaneten, nicht statt finden, bestätigt sich aber bei den Nebenplaneten der anderen Hauptplaneten. (§. 37.) Hiernach werden die in §. 41. gegebenen Erklärungen und Resultate, sofort auf die Mondbahn übertragen, nur heißt der Punkt in welchem der ☾ der ♁ am nächsten ist: die Erdnähe oder Perigäum, der andere Endpunkt der Absidenlinie heißt: Erdferne oder Apogäum. — Die Absidenlinie hat eine jährliche tropische Bewegung von + 1 Z. 10° 39′ 45″,8 (also vorwärts, durch + angezeigt), mithin eine tropische Umdrehzeit von 8 Jahren 308t (julianische Jahre) *); am 1sten Januar 1801 war die geocentrische Länge der Erdnähe 8 Z. 26° 6′ 46″,4 (also etwa 8½° im Schützen). — Anomalistischer Monat und anomalistisches Jahr. — Die Horizontalparallaxe des ☾ in seiner mittleren Entfernung von d. ♁, beträgt unter dem Erdäquator 57′ 1″, wonach der ☾ 60,2965 (also etwa 60,3) Halbmesser des Erdäquators, in seiner mittleren Entfernung von der ♁ ist, welches, jenen Halbmesser zu 860 Meilen gesetzt (§. 27.), 51858 Meilen giebt **). Aus den Vergleichungen der (scheinbaren)

*) Genau: tropische Umdrehzeit der Absidenlinie 3231t 11h 4′ 7″,3; syderische Umdrehzeit 3232t 13h 37′ 14″,6.

**) In dieser mittlern Entfernung ist laut §. 35. demnach die größten und kleinsten Mondburchmesser, findet man durch leichte Berechnungen die Verhältnisse der größten und kleinsten Entfernungen des ☾ von der ♁, so wie die Excentricität der Mondbahn. Die Resultate sind: die Excentricität ist 0,0550268 der mittlern Entfernung (oder der halben großen Axe), oder = 550 wenn man die mittlere Entfernung = 10000 setzt (vergl. das Ende von §. 43.), dies giebt ungefähr den 18ten Theil der mittleren Entfernung, oder 3,3165 Halbmesser des Erdäquators = 2852 Meilen für die Excentricität; hiernach ist die größte Entfernung des ☾ v. d. ♁ = 54710 Meilen, die kleinste = 49006 Meilen *).

Anmerk. Bei genauer Beobachtung ergeben sich noch sogenannte Ungleichheiten bei der Mondbewegung, deren nähere Betrachtung einer Ausführung der Astronomie

---

☉ etwa $\frac{24000}{60}$ = 400 Mal weiter als der ☾ von der ♁. Der Umfang seiner Bahn ist etwa 323000 Meilen; in 1 Minute geht er etwa $8\frac{1}{5}$ Meil. in seiner Bahn, dagegen ist sein wahrer Weg während eines Umlaufs, etwa 30 Mal so groß als der Umfang seiner Bahn.

*) Weil der Halbmesser der Sonnenkugel gleich 112 Erdhalbmesser ist (§. 36.); so folgt, daß wenn man sich in den Mittelpunkt der als Hohlkugel gedachten Sonne, die Erde versetzt denkt; der Mond innerhalb der Sonnenkugel seinen Umlauf um die Erde machen könnte, selbst wenn er fast doppelt so weit von der Erde wäre als er ist (2 . 60 = 120 etwas > 112), ohne den inneren Rand dieser Kugel zu berühren! —

angehören. Sie hängen meist mit dem Stande der Sonne gegen den Mond und seine Bahn zusammen. Die bedeutensten unter ihnen (deren Anzahl etwa 28 ist) heißen: die Evektion, die Variation und die jährliche Gleichung. Die Gründe für diese Erscheinungen gehören zur physischen Astronomie.

§. 47. Größe des Mondes. Wenn der Mond in der mittlern Entfernung v. d. ♁ steht, also die Parallaxe 57′ 1″ (§. 46.) ist; so erscheint sein Durchmesser unter einem Winkel von 31′ 7″,4. Hiernach ist sein wahrer Durchmesser 0,273 Erdäquatordurchmesser = circa 469 Meilen, oder etwa $\frac{9}{11}$ vom Erddurchmesser; seine Oberfläche ist demnach $= (\frac{3}{11})^2 = \frac{9}{121}$ = circa $\frac{1}{13}$ der Erdoberfläche, und sein körperlicher Inhalt $= (\frac{3}{11})^3 =$ ekwa $\frac{1}{49}$ des Erdinhalts. Der größte scheinbare Durchmesser des ☾ ist 33′ 32″, der kleinste 29′ 27″. — Die Erdscheibe erscheint daher vom Monde aus, im Durchmesser $\frac{11}{3}$ Mal so groß, als von der Erde aus gesehen der Durchmesser des Mondes. In den Flächen ist das Verhältniß beider Scheiben fast wie 13 : 1.

§. 48. Von den Finsternissen. — Allgemeine Bedingungen der vom synodischen Monat abhängenden Mond- und Sonnenfinsternisse. — Sichtbare und unsichtbare Finsternisse. — Mondfinsternisse. Der Erdschatten erstreckt sich auf 108,3 Erddurchmesser = fast 186000 Meilen hinter der ♁ *); der ☾ ist nur

*) Dieser Schatten kann daher keinen Hauptplaneten (der zu großen Entfernung wegen; §. 35.) bei dessen Opposition treffen.

30 Erddurchmesser v. d. ♁ entfernt; der Durchmesser des Schattendurchschnitts, verhält sich also in der ☾ Entfernung, zum Monddurchmesser wie 8 : 3. Anfang der Finsterniß am östlichen, Ende am westlichen Mondrande. Sie sind für die halbe Erdoberfläche zugleich sichtbar. Partiale, totale, centrale Mondfinsterniß. — Benennung der Größe der Verfinsterung nach Zollen (12); Dauer der größten Finsterniß (1^h 40′); Schwierigkeit der Beobachtung des Anfangs und Endes, wegen des Halbschattens; Kernschatten. Ueber das zuweilen Sichtbarsein des Mondes bei totalen Finsternissen. — *Sonnenfinsternisse* (Richtiger *Erdfinsternisse* genannt). Sie beginnen am westlichen und endigen am östlichen Sonnenrande. Sie sind nur für bestimmte Gegenden der halben Erdoberfläche, welche die ☉ über dem Horizonte hat, sichtbar (wegen der Parallaxe); daher nur lokal. — Partiale, totale, centrale und ringförmige Sonnenfinsternisse; Bedingungen für jede derselben im Allgemeinen (Relation zwischen den scheinbaren Durchmessern der ☉ von 31′ 31″ bis 32′ 36″, und des ☾ von 29′ 27″ bis 33′ 32″); über den gegen die ♁ gekehrten ☾ Schatten. Totale dauern höchstens 4′. — Eintheilung der Größe der Finsterniß nach 12 Zollen. —

Anmerk. Die Periode der Wiederkehr der Finsternisse, hängt im Allgemeinen von der scheinbaren geocentrischen Wiederkehr der ☉ zu einem der Mondknoten, so wie vom synodischen Monate (§. 44.) ab. Da nun die Knoten jährlich circa 19° 19′ der Bewegung der ☉ entgegen kommen

(§. 44.); so erreicht die Sonne in einem Jahre den bestimmten Knoten um so viel früher, als sie noch brauchen würde jenen Bogen zu durchlaufen; sie braucht demnach zu jener Wiederkehr zum Knoten 346^t 14^h 52′. Diese Zeit verhält sich zu einem synodischen Monat, etwa wie 223 zu 19, so daß nahe 223 synodische Monate = 19 Sonnenumläufe in Beziehung auf die Mondknoten sind. Nun sind 223 synodische Monate — 10 Jahr 11^t 7^t 42, so daß nach etwa 18 Jahr 11^t die Finsternisse fast in derselben Ordnung wiederkehren (Die Sonnenfinsternisse hierbei besonders vom Erdmittelpunkte aus betrachtet). Es fallen in diese Zeit 29 Mondfinsternisse und 41 Sonnenfinsternisse; doch ist ein jährlicher Durchschnitt nicht anwendbar; erstere können in einem Jahre von Null bis 3, letztere von 2 bis 5 fallen (A. L. Nr. 22.).

§. 49. Bedeckungen der Sterne vom Monde. Finsternisse der Trabanten anderer Hauptplaneten, besonders der Jupitertrabanten (Siehe §. 37.) Gegenseitige Bedeckung einiger der Planeten, oder einiger Fixsterne durch Planeten. — Benutzungen aller dieser Bedeckungen und Finsternisse (eingeschlossen die in §. 48. genannten) zur Bestimmung der geographischen Länge. — Schwierigkeiten aller dieser Berechnungen.

§. 50. Einfluß des Mondes auf die Erde. 1) Als Leuchte; er ist ½ Jahr für jeden Punkt der ♁ über und eben so lange unter dem Horizonte; die Hälfte der ersteren Zeit (also ¼ Jahr), ist er ohne die Sonne über dem Horizonte und leuchtet. — Vergleichung seines Lichts mit dem der ☉. 2) Für die Geographie und Schifffahrt (siehe §. 49.). 3) Einfluß auf Ebbe und Fluth *). 4) Durch seine Bewegungen ist das Gravitationsgesetz vorzüglich erforscht. 5) Für die Zeit- und Festrechnung. Ostern ist am 1sten Sonntage nach dem Vollmonde, welcher zuerst nach dem Eintritte der Sonne in den Widder (Frühlingsäquinoctium, das hierbei stets als auf den 21sten März fallend angenommen wird) fällt. — Bemerkungen hierbei. — Bewegliche und feste Feste.

VI. Von den Fixsternen.

§. 51. Das in §. 6 und 7. von der äußern Erscheinung der Fixsterne Gesagte, wird vorausgesetzt. Ihre detaillirte Betrachtung und sichtbare Vertheilung im Raume, kann hier nicht kurz angeführt, und muß dem Nachlesen der hierher gehörenden Literatur überlassen bleiben, weil dies alles nur Beschreibungen von Resultaten der Beobachtungen sind (A. L. Nr. 23.).

§. 52. Die Entfernung der Fixsterne ist über 200000 Mal der Sonnenferne von der Erde gleich, weil wenn die Parallaxe eines Fixsternes, oder der Erdbahn in Beziehung zu diesem Fixsterne, nur 1 Sekunde wäre, so müßte dieser Stern 206264 Mal dem Halbmesser der Erdbahn (Sonnenferne von der ♁) sein;

*) Die Einflüsse Nr. 3. und 4. sind besonders ein Gegenstand der physischen Astronomie.

jener Winkel ist jedoch kleiner, da eine Größe von 1″ beobachtet sein würde. Jene Gränze über welche die Fixsterne von uns hinaus sind, beträgt also über 4 Billionen Meilen, und der, in jeder Zeitsekunde (laut §. 37.) 41000 Ml. fortgehende Lichtstrahl, würde über 3 Jahre brauchen, um vom nächsten Fixsterne zu uns zu kommen. — Betrachtungen hierüber. — Die scheinbaren Durchmesser der Sterne sind zu klein (durch Fernröhre beobachtet) um gemessen werden zu können; daher sich über die absolute Größe der Fixsterne, nichts Bestimmtes angeben läßt. — Ueber das eigene Licht der Fixsterne. — Ueber die Bewegung der Fixsterne; namentlich die Beobachtung der Doppelsterne. — Die Nebelflecke; was sie sind? — Ueber die Milchstraße. — Unser Sonnensystem im Vergleich zum unendlichem Raume. — Unsere Erde im Weltraume. — Schlußbetrachtung (A. L. Nr. 24.).

Dritter Hauptheil.

Physische Astronomie.

Allgemeine Lehren.

§. 53. Die physische Astronomie ist nur eine specielle Anwendung der reinen Mechanik auf die Erscheinungen im Weltraume, mithin auf die Bewegungen der Weltkörper und denen hiermit zusammenhängenden Erfolgen, so wie die Untersuchung der Kräfte durch welche diese Bewegungen hervorgebracht werden. — Es wird demnach die reine Mechanik als bekannt vorausgesetzt. — Je weniger diese Voraussetzung aber allgemein bei Anfängern gemacht werden kann, je weniger kann auch eine Durchführung der Lehren der physischen Astronomie, analog wie es in den zwei vorhergehenden Haupttheilen für die früheren Lehren möglich war, hier gegeben werden. Das was aber hier durchaus nöthig ist zu wissen, um eine allgemeine Ansicht der großen Entdeckungen in diesem Theile der Astronomie zu erwerben, welcher seine wissenschaftliche Begründung dem unsterblichen Newton *) verdankt; mögen die Hauptsätze hier, in kurzen Anführungen wie in den früheren Lehren, folgen **) (A. L. Nr. 25.).

§. 54. Kraft. — Mechanik; ihre Theile: Gleichgewichts- und Bewegungslehre. Von den Kräften,

*) Geboren 25sten Dezember 1642 zu Woolsthorpe (Herrschaft Lincolnshire), starb 20sten März 1727 zu London. Siehe: Sir Isaak Newtons Leben, nebst einer Darstellung seiner Entdeckungen, von D. Brewster. Uebers. von Goldberg. Leipzig 1833.

*) Die Literatur der Mechanik ist sehr reichhaltig. Ich habe im 2ten Bande des Lehrbuchs meiner Mechanik (2 Bände, Berlin 1831—1834), 1ste Abtheil. 1stes Kapitel, von der Bewegung der Planeten das Allgemeinste elementar vorgetragen.

welche in der Mechanik besonders betrachtet werden; was bewegende Kraft heißt. Von der allgemeinen Gravitation, der Schwere, dem Gewichte der Körper und vom Schwerpunkte. Von der Masse und der Dichtigkeit (specifisches Gewicht) der Körper. — Das Grundgesetz der Gravitation ist: die Gravitationen (also die anziehenden Kräfte) zweier Massen M′ und M″, gegen eine dritte Masse M, stehen im zusammengesetzten Verhältniß jener Massen und der verkehrten Quadrate (2te Potenzen) ihrer Entfernungen E′ und E″ von jener Masse M; sind also G′ und G″ jene Gravitationskräfte, so ist $G' : G'' = M' . E''^2 : M'' . E'^2$. — Die anziehende Kraft einer homogenen Kugel gegen eine Masse außerhalb der Kugel, ist eben dieselbe, als wäre die Masse der Kugel in ihrem Mittelpunkte vereinigt. Wie sich dies ändert, z. B. wenn die Kugel nicht homogen, oder der anziehende Körper keine Kugel ist. — Ueber die Richtung der Schwere bei der Erde als homogene Kugel, gegen den Erdmittelpunkt, so wie über jene Richtung bei der Abweichung von der Homogenität und der Kugelform der Erde. — Eintheilung der Bewegungen. Geschwindigkeit. Gleichförmige und ungleichförmige Bewegung; die Gesetze der ersteren; die gleichmäßig beschleunigte und gleichmäßig verzögerte Bewegung; Betrachtungen über beide, namentlich was Beschleunigung heißt. — Drei Newtonsche Grundgesetze der Bewegung: 1) Eine Momentankraft auf einen Körper wirkend, erzeugt eine gleichförmige und gradlinigte Bewegung ohne Aufhören (Gesetz der Trägheit oder der Beharrlichkeit). 2) Zwei bewegende Kräfte K′ und K″ zweier Körper, verhalten sich wie die Produkte aus den Massen M′ und M″ und den Geschwindigkeiten c′ u. c″ der bewegten Körper, also $K' : K'' = M' . c' : M'' . c''$. 3) Wirkung und Gegenwirkung sind gleich, aber in der Richtung entgegengesetzt. — Betrachtungen über diese drei Gesetze. Von den Hindernissen der Bewegung, namentlich der Reibung und dem Luftwiderstande. Die Modificationen des 2ten Gesetzes bei verschiedenen Bewegungen; die Wichtigkeit des dritten Gesetzes in Beziehung auf den Fall: daß zwei Körper sich gegenseitig stets gleich stark (mit gleicher Kraft) anziehen, wenn auch die Geschwindigkeiten als Erfolge der Anziehungen verschieden sind (Laut zweitem Gesetze oben: $M' : M'' = c'' : c'$). Vom freien Falle und dem vertikalen Steigen der Körper. — Fall in der ersten Secunde $= 15\frac{5}{8}' = g$. Allgemeine Untersuchung über den Stoß der Körper. — Von der gemeinschaftlichen Wirkung und der Zusammensetzung mehrerer Kräfte; Resultante. — Parallelogramm der Kräfte. — Allgemeine Bedingungen des Gleichgewichts. — Zerlegung einer Kraft. — Pendelbewegung; Secundenpendel (A. L. Nr. 26.).

§. 55. Von der Centralbewegung als besonders wichtig in der Astronomie. — Von der gemeinschaftlichen Wirkung einer Momentankraft und einer fortwirkenden Kraft. Wenn beide Kräfte in verschiedenen Richtungen wirken, die letztern aber stets in der Richtung nach einem bestimmten Punkte, Mittelpunkt oder Centrum der Anziehung genannt, wirkt. Es entsteht eine krummlinigte Bewegung in einer Ebene; Centralbewegung; Centralkraft oder Normalkraft. — Centripetal- oder Annäherungskraft, und Centrifugal- oder Fliehkraft. — Tangentialkraft (auch Wurfkraft genannt). — Radius-Vector. — Umlaufzeit. — Aufgabe der Centralkräfte (wenn aus der als bekannt angenommenen Bewegung, die Wirkung für die Centralkraft zu finden ist), und umgekehrte Aufgabe der Centralkräfte (wenn aus der als bekannt angenommenen Wirkung der Centralkraft, die Natur der Bahn zu bestimmen ist). Die Bewegung der Planeten, ist der Centripetalkraft der Sonne wegen, eine Centralbewegung. Die ursprüngliche Tangentialkraft hierbei ist unbekannt. — Das zweite Kepplersche Gesetz (§. 41.) gilt ganz allgemein für alle Centralbewegungen (Der Beweis ist ganz elementar zu führen möglich.) — Eine gleichförmige Centralbewegung ist eine Kreisbewegung. — Nennt man b die Beschleinigung welche die Centripetalkraft in der Entfernung r des Halbmessers der Kreisbahn hervorbringt, und c ist die (constante) Geschwindigkeit bei der Kreisbewegung; so ist $b = \frac{c^2}{2r}$. Wichtige Folgen aus dieser Formel und deren Aenderung in $\frac{2r\pi^2}{t^2} = b$, wenn t die Umlaufzeit ist ($ct = 2r\pi$). Berechnung der (syderischen) Umlaufzeit t des Mondes um die Erde, unter der Voraussetzung einer Kreisbahn, des Erdhalbmessers $= h$ und des Halbmessers der Mondbahn $= 60 . h$ (§. 46.); es ergiebt sich $t = 27\frac{1}{3}$ Tage *). — Ist K die Größe der Centripetalkraft, so hat man für zwei solche Kräfte $K' : K'' = b' : b'' = \frac{r'}{t'^2} : \frac{r''}{t''^2}$ (Indem die constanten Factoren $2\pi^2$ im Ausdrucke für b sich heben). Ist nun z. B. $K' : K'' = r''^2 : r'^2$, wie bei der Gravitationskraft als Centripetalkraft der Fall ist; so hat man $\frac{r'}{t'^2} : \frac{r''}{t''^2} = r''^2 : r'^2$ oder $r'^3 : r''^3 = t'^2 : t''^2$, d. h. es findet das dritte Kepplersche Gesetz (§. 41.) statt. Es gilt jedoch dies Gesetz auch für die elliptische Centralbewegung, in deren einem Brennpunkte die Sonne steht. — Das erste Kepplersche Gesetz ist nicht so einfach zu beweisen; doch kann man ohne höhere Mathematik beweisen, daß wenn das erste Kepplersche Gesetz

---

*) Diese Berechnung ist leicht auszuführen; denn: $c = \sqrt{2rb} = \sqrt{2 . 60h . \frac{15\frac{5}{8}}{60 . 60}} = \sqrt{2 . \frac{1}{230} . 60h} = \sqrt{\frac{12}{23} . h}$; da nun $h = 20285574$ Fuß ist (§. 28.), so ist $c = 3253{,}2'$, also $t = \frac{2r\pi}{c} = \pi\sqrt{\frac{2r}{b}} = 2349513$ Secunden $= 27\frac{1}{3}$ Tage.

richtig ist (wie die Beobachtungen dies lehren; §. 41.), so ist das Gravitationsgesetz eine Folge daraus *). Die umgekehrte Aufgabe der Centralkräfte führt dahin, daß die Planetenbahnen Kegelschnitte sind, in deren einem Brennpunkte die Sonne steht; diese Bahnen müssen daher Ellipsen sein (Weil Kreise, Parabeln und Hyperbeln, der Beobachtung widersprechen). — Ist die Masse M des bewegten Körpers nicht gleichgültig bei der Centralbewegung; so ergiebt sich, wenn K die Größe der Centralkraft und b die ihr entsprechende Beschleunigung ist, $M : K = g : b$, also $K = \frac{b}{g} . M = \frac{c^2}{2rg} . M = \frac{2r\pi^2}{gt^2} . M$. Daher für zwei solche Centralbewegungen $K' : K'' = b'M' : b''M'' = \frac{c'^2}{r'} . M' : \frac{c''^2}{r''} . M'' = \frac{r'}{t'^2} . M' : \frac{r''}{t''^2} . M''$ (da $g = 15\frac{5}{8}$ Fuß constant ist) **). — Bestimmung der Centrifugalkraft bei der Kreisbewegung.

§. 56. Massen der Planeten. — Aus der in §. 55. bewiesenen Proportion $K' . K'' = \frac{r'}{t'^2} : \frac{r''}{t''^2}$ folgt, daß weil die Größe der anziehenden Kräfte von

*) Siehe unter anderm §. 222. Anmerk. 2. im 2. Bande meiner Mechanik.

**) Diese Formeln und Proportionen, enthalten die Relationen für die bei der Schwungbewegung im Kreise vorkommenden Größen; K ist die Schwungkraft.

der Masse des anziehenden Körpers abhängt, und wie bei der Gravitation für zwei anziehende Massen M′ und M″ und den Entfernungen r′ und r″ der in Kreisbahnen um sie bewegten Körper, sich verhält $K' : K'' = M' . r''^2 : M'' . r'^2$; so hat man durch die Vergleichung dieser zwei Proportionen $M' . r''^2 : M'' . r'^2 = \frac{r'}{t'^2} : \frac{r''}{t''^2}$ oder $M' : M'' = \frac{r'^3}{t'^2} : \frac{r''^3}{t''^2}$. Hiernach kann das Verhältniß z. B. der Masse M′ der Erde, zur Masse M″ der Sonne berechnet werden, indem erstere den Mond in der Entfernung $r' = 60$ Erdhalbmesser in (circa) der Zeit von $t' = 27\frac{1}{3}$ Tage, die Sonne aber die Erde in der Entfernung von $r'' = 24000$ Erdhalbmesser in der Zeit von $t'' = 365\frac{1}{4}$ Tage um sich herum führt. Das Analoge gilt für die Verhältnisse der Massen der anderen Planeten zur Sonne, mithin auch zur Erde. Für die Planeten welche keine Monde um sich führen, werden die gegenseitigen Anziehungen der Planeten unter sich, welche sich durch kleine Abweichungen von der elliptischen Bahn beurkunden und durch das Gravitationsgesetz ergeben, in die Rechnung eingeführt. Die Masse der Erde selbst als Einheit (=1) gesetzt, finden sich die Massen der Planeten in der Tabelle Spalte 10. angegeben. — Nun verhalten sich allgemein zwei Massen M zu einander, wie die Produkte aus Volumeu V (körperliche Inhalte) mit den Dichtigkeiten D; d. h. $M' : M'' = V' . D' : V'' . D''$; also $D' : D'' = \frac{M'}{V'} : \frac{M''}{V''}$. Da nun außer den Massen auch die Inhalte der Planeten bekannt sind (§. 36.), so kann man die Dichtigkeitsverhältnisse der Planeten berechnen, wobei man wieder die (mittlere) Dichtigkeit der Erde gleich 1 setzt. — Hiernach ist die Spalte 11 der Tafel berechnet. — Die mittlere Dichtigkeit der Erde, ist nahe 5 Mal der des Wassers gleich, wie durch verschiedene Naturforscher auf verschiedenen Wegen gefunden ist *). Man kann also auch die mittleren Dichtigkeiten der Körper des Sonnensystems im Vergleiche zum Wasser, leicht bestimmen. — Was den Fallraum der Körper auf den Planeten (oder auch auf der Sonne und dem Monde) in der ersten Secunde (also die Beschleunigung der Schwere auf diesen Weltkörpern) betrifft, so ist er aus den nun bekannten Massen der Planeten und ihren Halbmessern leicht zu berechnen, indem man sich die Massen in ihren Mittelpunkten vereinigt denken kann, wie schon erwähnt ist (§. 54.). Die Formel zur Berechnung dieser Beschleunigungen b, ist $b = g \cdot \frac{M}{r^2}$, wenn M die Masse des Weltkörpers für die Masse der Erde = 1, ferner r der Halbmesser jenes Körpers, der Erdhalbmesser = 1, und $g = 15\frac{5}{8}$ rheinländische Fuß = 15,09 Paris. Fuß ist (Siehe die Tafel, Spalte 12.).

*) Die Resultate der hierfür angestellten Untersuchungen, findet man unter andern in den Werken, welche A. L. Nr. 5. C. 3. und Nr. 14. 3. genannt sind.

§. 57. Die wechselseitigen Störungen oder Perturbationen der Körper unseres Sonnensystems, gegen einander, sind Folgen ihrer gegenseitigen Anziehungen. — Sie ändern die elliptische Form der Bahnen etwas ab, und erzeugen jene Ungleichheiten, auf welche in den vorigen Hauptstücken aufmerksam gemacht ist. — Namentlich werden uns jene Einflüsse beim Monde, seiner Nähe wegen, recht auffallend. — Problem der drei Körper. — Die Kometen in dieser Beziehung. — Vom Aether im Weltraume. — Auch bei anderen Sonnensystemen, namentlich den Doppelsternen, finden sich die Gravitationsgesetze. — Von den Nebelsternen in dieser Beziehung. —

§. 58. Die genaue Gestalt der Erde ist nur eine physische Folge ihrer Axendrehung. — Verhältniß der Centrifugalkraft zur Schwere unter dem Aequator (= 1 : 290) *). Bemerkungen hierbei für andere Punkte

*) Die hierher gehörigen elementaren Untersuchungen, finden sich unter andern im 2. Bande meiner Mechanik, §. 230 u. f.

Man findet nemlich nach der Formel $K = \frac{c^2}{2gr} \cdot M$ (§. 55.), für $c = 1478{,}5'$ (§. 43.), $g = 15\frac{5}{4}'$ und $r = 20285574'$ (§ 28.): $K = \frac{1}{289{,}9} \cdot M$ = fast $\frac{1}{290}$ M, d. h. $K : M = 1 : 290$. Nun ist $289 = 17^2$; wenn sich die Erde also 17 Mal schneller um ihre Axe bewegte als dies der Fall wirklich ist, so würde die Centrifugalkraft 289 Mal zunehmen ($K' : K'' = c'^2 : c''^2$), oder diese Kraft wäre alsdann der Schwere gleich. — Folgerungen hieraus. —

auf der Erde. — Von der Art durch die Pendelbewegungen die Gestalt der Erde zu finden. — Die abgeplattete Form der Erde, ist die Ursache der Präcession (§. 18.) und mancher Erscheinungen in der Mondtheorie. — Allgemeine Betrachtungen über die Erklärungen der Bewegungen der Himmelskörper durch die Gravitationskraft.

Anhang.

Literatur astronomischer Werke, mit Bezug auf die vorstehenden §§, in welchen auf die Werke verwiesen wird.

Nr. 1. (Zu §. 1.). Schmidt (E.) Theorie der astronomischen Strahlenbrechung. Göttingen 1828. 4.

Nr. 2. (Zu §. 2.) Unter den Lehrbüchern, welche alle Theile der Astronomie, wenn auch in verschiedenem Umfange abhandeln, mögen hier folgende genannt, ältere aber übergangen werden: 1) Bode (J. E.) Erläuterung der Sternkunde und der dazu gehörigen Wissenschaften. 2 Bände. 3te Auflage. Berlin 1808; so wie von demselben Verf.: Entwurf der astronomischen Wissenschaften. 2te Aufl. Berlin 1825 (Letzteres nur ein Auszug aus Ersterem, ist ohne viele mathematische Vorkenntnisse zu verstehen). 2) Bürja (A.) Lehrbuch der Astronomie. 5 Bde. Berlin 1794 — 1806 (Ist möglichst elementar aber wissenschaftlich behandelt). 3) Schubert (F. T.) Theoretische Astronomie. 3 Theile. Petersburg 1798

(Jeder Theil enthält einen der in §. 2. genannten drei Hauptheile der Astronomie; eine neuere Auflage ist in französischer Sprache erschienen). 4) Bohnenberger (J. G. F.) Astronomie. Tübingen 1811 (Sehr zu empfehlen; gedrängt und vollständig). 5) Piazzi (J.) Lehrbuch der Astronomie. Aus dem Italienischen übersetzt von Westphal. 2 Theile. Berlin 1822 (Sehr deutlich und elementar gehalten). 6) Littrow (J. J.) Theoretische und practische Astronomie. 3 Theile. Wien 1821 — 1827 (Ein Werk nicht für Anfänger). 7) Littrow: Vorlesungen über Astronomie. 2 Theile. Wien 1830 (Weniger schwierig wie das vorige, jedoch auch nur bei Kenntniß der höheren Mathematik, zu verstehen). Werke von Schriftstellern anderer Nationen, als von La Lande, Biot, Fergusons u. a. m. werden hier übergangen; erwähnt sei unter ihnen nur 8) Délambre: Astronomie théorique et practique. 3 Vol. 4. Paris 1817.

Nr. 3. (Zu §. 2.). Außer den Werken (z. B. von Bossut, Mantucla, Kästner u. a. m.) welche die Geschichte der Mathematik, und hierbei die der Astronomie mit abhandeln; sind der letztern ausschließlich gewidmet: 1) Délambre: Histoire de l'Astronomie ancienne. 2 Vol. Paris 1817; H. d. l'A. du moyen age, 1 Vol. Par. 1819; H. d. l'A. moderne, 2 Vol. Paris 1821. 4. Hist. de l'A. au 18me siècle. Par. 1827. 2) Bailly: Geschichte der Sternkunde des Alterthums

(a. d. Französ.). 2 Bde. Leipzig 1777; und von demselben Verf.: Geschichte der neuen Sternkunde. 2 Bde. Leipzig 1796—97. 3) Airy (G. B.) Abriss einer Geschichte der Astronomie im Anfange des neunzehnten Jahrhunderts (1800—1832). Aus dem Englischen von C. L. Littrow. Wien 1835 (Sehr zu beachten).

Nr. 4. (Zu §. 2. Anmerk.). Unter der großen Zahl der Werke über populäre Astronomie, mögen hier nur genannt werden: 1) Schubert (F. T.) Populäre Astronomie. 3 Thle. Petersburg 1804—10. (Sehr zu empfehlen; könnte zu den unter Nr. 2. genannten und leicht zu verstehenden Werken, gezählt werden. Dasselbe gilt von dem folgenden Werke:) 2) Littrow (J. J.) Populäre Astronomie. 2 Theile. Wien 1825. 3) Littrow: die Wunder des Himmels. 3 Theile. 2te Aufl. in einem Bande. Stuttgart 1836. 4) Brückner (J. A.) Gemein verständliche Astronomie. 2 Theile. Leipzig 1828. 5) Frankenheim (M. L.) Populäre Astronomie ohne Hülfe der Mathematik, in 20 Vorlesungen. 2te Aufl. Braunschweig 1829. 6) Forstner (A. v.) Einige Beobachtungen über das Weltgebäude. Berlin 1825 (Broschüre). 7) Stern (M. A.) Darstellung der populären Astronomie. Berlin 1834.

Nr. 5. (Zu § 3.). Um auch einige Werke über die mit der Astronomie zusammenhängenden vier Wissenschaften hier anzuführen, mögen genannt werden: A) Gnomonik: 1) Stengel (J. P.) Ausführliche

Beschreibung der Sonnenuhren. Ulm 1755 (Sehr practisch). 2) Littrow (J. J.) Gnomonik oder Anleitung zur Verfertigung aller Arten von Sonnenuhren. Wien 1831 (Gedrängt und wissenschaftlich; broschirt). B) Chronologie: 1) Magold (M.) Lehrbuch der Chronologie. München 1829. 2) Wagner (H. A. E.) Versuch eines ausführlichen Lehrbuchs der Chronologie. 1. Theil: mathematische Chronologie (nicht mehr erschienen). Leipzig 1826. 3) Ideler (L.) Handbuch der Chronologie. 2 Bände. Berlin 1825—26; so wie von demselben Verf.: Lehrbuch der Chronologie. Berlin 1831 (Ist ein Auszug aus dem ersteren berühmten klassischen Werke). 4) Littrow (J. J.) Calendariographie, oder Anleitung alle Arten Kalender zu verfertigen. Wien 1828. C) Mathematische Geographie: Von der hierher gehörenden reichhaltigen Literatur, können nur einige Lehrbücher genannt werden. 1) Bode Anleitung zur allgemeinen Kenntniß der Erdkugel. 3te Aufl. Berlin 1820. 2) Reuter (A. P.) Vollständiges Handbuch der mathematischen Geographie u. s. w. Mainz 1828. 3) Schmidt (J. C.) Lehrbuch der mathematischen und physischen Geographie. 2 Theile. Göttingen 1829—30 (Ein gelehrtes nicht elementares Werk, wie es die zwei erstgenannten sind). 4) v. Somnitz (F.) Hauptverhältnisse der mathematischen Geographie. Trier 1830 (Sehr elementar gehalten). D) Nautik: 1) Tobiesen (L. H.) Lehrbuch der Schifffahrtskunde. Berlin 1820.

2) Handbuch der Schifffahrtskunde zum Gebrauche für Navigationsschulen, auch zum Selbstunterrichte angehender Steuerleute. Verfaßt v. d. Hamburger Gesellschaft zur Verbreitung mathematischer Kenntnisse. Hamb. 1832.

Nr. 6. (Zu §. 7.). Auch hierfür ist die Literatur ungemein groß, und mehrere der unter Nr. 4. genannten Werke, enthalten manches hierher gehörige. Besonders zu beachten sind: 1) Bode, Anleitung zur Kenntniß des gestirnten Himmels. 9te Aufl. Berlin 1822; hierzu ein Nachtrag von Oltmanns (J.), Berl. 1833, welcher nebst mehreren, dem Liebhaber der Sternkunde zu empfehlenden Tafeln u. dgl. die Erscheinungen der Planeten bis 1842 enthält. 2) Westphal (J. H) Astrognosie. Berlin 1822. 4. 3) Bode: Uranographie; 20 Kupfertafeln im größten Formate, alle Sternbilder darstellend. Berlin 1801. Von demselben Verf.: Vorstellung der Gestirne auf 34 Kupfertafeln, nebst einer Anweisung zum Gebrauche und einem Verzeichnisse von 5877 Sternen, Nebelflecken und Sternhaufen. Berlin und Stralsund 1805. 4) Die neuen von der Königl. Preußischen Akademie der Wissenschaften herausgegebenen Sternkarten nebst Sternkatalog (Bis jetzt 9 Blatt erschienen, deren es 24 werden sollen). 5) Himmels-Atlas in 20 Blättern, nach den großen Bode'schen Sternkarten; von M. Riedig. Leipzig. 12. (Preis 7 gGr.); ist hinreichend für Anfänger. — Sternverzeichnisse mit und ohne Karten sind von mehreren Beobachtern, als von

Piazzi, Struve u. a. vorhanden. 6) Klöden (K. F.) Anleitung zur Sternkenntnifs, vermittelst eines für den Horizont von Berlin entworfenen Astrognostikons. Berlin 1822 (Sehr zu empfehlen).

Nr. 7. (Zu §. 11.). Die astronomischen Instrumente und deren Gebrauch, findet man in denen unter Nr. 3. genannten Werken, mehr oder weniger allgemein beschrieben. Sie bilden den Haupttheil der beobachtenden Astronomie, welche, mit der rechnenden Astronomie vereint, die practische Astronomie bilden, die in den neuesten Zeiten die größten Fortschritte gemacht hat. Ein eigenes Werk, ganz entsprechend dem gegenwärtigen Zustande der practischen Astronomie, ist unseres Wissens nicht vorhanden. Ältere Werke, als 1) Rösler (G. F.) Handbuch der practischen Astronomie für Anfänger und Liebhaber. 2 Bände. Tübingen 1788; 2) Hell (A. M.) Beiträge zur practischen Astronomie (a. d. Lateinischen von Jungnitz), 2 Bde. Breslau und Hirschberg 1791 bis 1792; und 3) Rüdiger (C. F.) Handbuch der rechnenden Astronomie, 3 Bände, Leipzig 1802; — haben nur noch bedingten Werth. Das neueste Werk ist: 4) Jahn (G. A.) Practische Astronomie. 2 Theile. Berlin 1834. — Monographien über einzelne Instrumente, sind in Menge vorhanden, und soll hier nur genannt werden: 5) Struve (F. G. W.) Beschreibung des auf der Sternwarte zu Dorpat befindlichen grofsen

Refractors (Dorpat 1825) *). — Um mit dem neuesten Standpunkte aller in die practische Astronomie einschlagenden Gegenstände immer bekannt zu bleiben, dienen unter andern die beiden klassischen Werke: 6) Bessel (F. W.) Astronomische Beobachtungen auf der Königsberger Sternwarte, vom November 1813 an; in jährlich erscheinenden Bänden (Folio); und 7) Schumacher (H. C.) Astronomische Nachrichten; seit 1823; 12 Nummern bilden einen Band, von denen der 14te Bd. (1837) beendigt ist. Zu den früheren Werken über diese Gegenstände, gehören die Schriften von Zach, Lindenau u. a. m.

Nr. 8. (Zu §. 16.). Unmittelbar an die Schriften der vorigen Nummer, schließen sich die drei bedeutensten Sammlungen von Ephemeriden an; 1) Connaissance des tems (erscheinen zu Paris); 2) Nautical Almanac (zu Londen), und 3) Berliner astronomische Jahrbücher; seit 1776 (Seit Jahrgang 1830 in geänderter Form). Auch diese Werke sind wichtige Archive für die Entwicklung der Astronomie in allen ihren Zweigen.

Nr. 9. (Zu §. 17 und §. 25.). Hierher gehören: 1) (Scheibel) Vollständiger Unterricht vom Gebrauche der künstlichen Himmels- und Erdkugel; Breslau 1779 (immer noch brauchbar), nebst den Erläuterungen und

*) Auf der neuen Sternwarte zu Berlin, befindet sich auch ein solches Instrument.

Zusätzen zu jenem Buche. Breslau 1785. 2) Mollweide (C. B.) Kurzgefafste Beschreibung der künstlichen Erd- und Himmelskugel. Berlin 1830. — Erd- und Himmelsgloben, sind zu den verschiedensten Preisen und Größen, in verschiedenen Instituten zu haben. — Zu empfehlen ist 3) Wandkarte zum Behufe des Unterrichts in der mathematischen Geographie; 6′ 4″ breit und 5′ hoch. Berlin bei Schropp. 2 Thlr.

Nr. 10. (Zu §. 18.). Als besonderes Werk über diese wichtige Erscheinung in der Astronomie, bemerken wir hier nur: Bessel (F. W) Untersuchung der Gröfse und des Einflusses des Vorrückens der Nachtgleichen. Berlin 1815.

Nr. 11. (Zu §. 19.). Ueber die erst in der neueren Zeit so berühmt gewordenen Chronometer, sehe man: Hansen (P. H.) Ueber die Chronometer, welche Herr Kessels verfertigt etc. Hamburg 1836.

Nr. 12. (Zu §. 21.). Ein eigenes hierher gehörendes Buch ist: Wurm (J. F.) Practische Anleitung zur Parallaxenrechnung, sammt neu berechneten Tafeln des Nonagesimus und anderen Hülfstafeln. Tübingen 1804.

Nr. 13. (Zu §. 25.). 1) Bohnenberger (J. G. F.) Anleitung zur geographischen Ortsbestimmung, vorzüglich mittelst des Spiegelsextanten. Göttingen 1795. 2) Schubert (F. T.) Anleitung zu der astronomischen Bestimmung der Länge und Breite. 2te Aufl. Petersburg 1803. 4.

Nr. 14. (Zu §. 28.). Mit Uebergehung der Anführung der Originalwerke über die ersteren Gradmessungen im 18ten Jahrhundert, mögen nur die bedeutensten neueren Werke angeführt werden: 1) Délambre (J. B. J.) Méthodes analytiques pour la détermination d'un arc du méridien. Paris an VII. 2) Méchain et Délambre: Base du système métrique décimal, ou mesure de l'arc du méridien, compris entre les parallèle de Dunkerque et Barcelone; exécutée en 1792 et années suivantes. 3 Tomes. 4. Paris 1806. 3) Eine recht ausführliche Darstellung der Erdmessungen, findet man im dritten Bande der neuen Ausgabe des Gehlerschen Wörterbuchs, unter dem Artikel: Erde, Gestalt und Größe derselben, so wie in dem unter Nr. 5. C. 3. genannten Werke von Schmidt. — Ueber höhere Geodäsie sind zu beachten die Werke von 4) Puissant Traité de Géodésie. 2 Vol. Paris 1819; so wie andere Werke von Späth, Mayer u. a. m.

Nr. 15. (Zu §. 28. Anmerk. 2.). 1) Mayer (J. T.) Vollständige und gründliche Anweisung zur Verzeichnung der Land-, See- und Himmelskarten (Ist der 4te Theil von Mayers practischer Geometrie in 5 Theilen). Göttingen 1804. 2) Raupach (F.) die Théorie der geographischen Netze, oder die Entwerfungen der Kugelfläche. Liegnitz 1816.

Nr. 16. (Zu §. 29.). 1) Benzenberg (J. F.) Versuche über die Umdrehung der Erde. Dortmund 1804.

2) Reich (F.) Fallversuche über die Umdrehung der Erde, angestellt in Freiberg. Freiberg 1832.

Nr. 17. (Zu §. 35.). 1) Encke (J. F.) Die Entfernung der Sonne von der Erde, aus dem Venusdurchgange von 1761. Gotha 1822. 2) Encke: der Venusdurchgang von 1769 (Fortsetzung der vorigen Abhandlung). Gotha 1824.

Nr. 18. (Zu §. 39.). 1) Olbers (W.) Abhandlung über die leichteste und bequemste Methode die Bahn eines Cometen aus einigen Beobachtungen zu berechnen. Weimar 1797. 2) Argelander (F. W. A.) Untersuchungen über die Bahn des grofsen Cometen vom Jahre 1811. 4. Königsberg 1822. 3) Littrow (J. J.) Ueber den gefürchteten Kometen des gegenwärtigen Jahres 1832, und über Kometen überhaupt. Wien 1832. 4) Möbius (A. F.) Die wahre und die scheinbare Bahn des Halley'schen Kometen, bei seiner Wiederkunft im Jahre 1835. Leipzig 1834. 5) Littrow (C. L.) Beyträge zu einer Monographie des Halley'schen Cometen; bei Gelegenheit seiner Erscheinung im Jahre 1835. Wien 1834 (Eine große Anzahl von Schriften, welche bei Gelegenheit der Wiedererscheinung des Halley'schen Kometen, erschienen, müssen hier übergangen werden).

Nr. 19. (Zu §. 40.). 1) Schröter (J. H.) Beobachtungen über die Sonnenfackeln und Sonnenflecken etc. Erfurt 1789. 4. Von demselben berühmten Beobachter, sind auch über die physische Beschaffenheit des Planeten Venus, anhaltende Beobachtungen angestellt, welche sich finden in seinem Werke: 2) Aphroditographische Fragmente, zur genauern Kenntniss des Planeten Venus etc. Helmstedt 1796. 4. (Siehe auch Nr. 21. 1 des Verf. Werk über den Mond). Endlich 3) Schröter: Beiträge zu den neuesten astronomischen Entdeckungen. 3 Bände. 1. Bd. Berlin 1788; 2. u. 3. Bd. Göttingen 1798 und 1800.

Nr. 20. (Zu §. 42.). Die Literatur der astronomischen Tafeln ist überaus groß; für Freunde leichter Berechnungen, sind die, in dem Nr. 18. unter 1) erwähntem Nachtrage (von Oltmanns) genannten Tafeln recht zu empfehlen. Außer dem: 1) Sammlung astronomischer Tafeln, unter Aufsicht der Königl. Preuss. Akademie der Wissenschaften. 3 Bde. Berlin 1776. Daß diese Tafeln bei den großen Fortschritten der practischen Astronomie seit jener Zeit, veraltet sind, ist kein Vorwurf; leider aber sind sie noch durch keine neue Auflage ersetzt; und somit können Liebhaber leichter astronomischer Rechnungen, nicht auf eine gedrängte Sammlung astronomischer Tafeln verwiesen werden. 2) De la Hire (P.) Astronomische Tabellen u. s. w.; deutsch herausgegeben von Klimm. Nürnberg 1780. 3) Bouvard: Tables Astronomiques, publiées par le bureau des longitudes de france. Paris 1808. Die neuesten, aber auch noch immer der Sichtung unterworfenen Tafeln, nach denen die Astronomen rechnen, würde hier anzuführen zu weit führen. — Kleinere zugängliche Tafeln, von Müller (1792), Koch (1797), u. a. m. haben nur eingeschränkte Zwecke, als: zur richtigen Stellung der Uhr, zur Bestimmung der Zeit, u. dgl. m. — Die Sonnentafeln von Zach, Délambre u. a., so wie die Mondtafeln von Burckhardt, gehören zu den verbreitesten Tafeln für diese zwei Gestirne; für die Haupt- und Neben-Planeten, sind von verschiedenen Astronomen mannigfaltige Tafeln vorhandeu. Auch viele der unter Nr. 2. genannten Werke, namentlich die von Littrow, enthalten die wichtigsten Tafeln in zweckmäßiger Kürze.

Nr. 21. (Zu §. 45.). Das ausführlichste Werk über die Mondoberfläche, ist bis jetzt: 1) Schröter Selenotopographische Fragmente, zur genaueren Kenntniss der Mondfläche etc 2 Bände. 4. 1791. 2) Die so eben vollendete schöne Mondkarte von Beer und Mädler in 4 Blatt (Berlin 1836), stellt die Mondscheibe als Fläche von 3 Fuß Durchmesser sehr anschaulich dar; der Preis von 5 Thlr. ist für das schöne Werk sehr mäßig. Eine begleitende ausführliche Beschreibung der Mondoberfläche, ist von denselben Herausgebern verheißen. — Kleinere Mondkarten finden sich in den meisten astronomischen Werken, namentlich in denen über die populäre Sternkunde. — Eine schöne, jedoch noch bei weitem nicht vollendete Mondkarte, ist mit einigen Blättern (deren Fortsetzung seit längerer Zeit unterbrochen worden) von Lohrmann in Dresden begonnen.

Nr. 22. (Zu §. 48. Anmerk.). Lambert (J. H.) Beschreibung und Gebrauch einer neuen und allgemeinen ekliptischen Tafel, worauf alle Finsternisse des Mondes und der Erde u. s. w. dargestellt sind, u. s. w. Berlin 1765. Diese Tafel ist dem Anfänger sehr zur Beachtung zu empfehlen. — Einzelne werthvolle Schriften zur Berechnung der Finsternisse — namentlich der Sonnenfinsternisse und der Sternbedeckungen vom Monde, sind vorhanden von Tempelhoff (Berlin 1772), von Du Séjour (Breslau 1793), u. a. m. Auch sind viele hierher gehörigen Schriften, bei Gelegenheit merkwürdiger Finsternisse erschienen.

Nr. 23. (Zu §. 51.). Hierher gehören, außer kurzen Darstellungen, wie man sie in den meisten astronomischen Lehrbüchern findet, vor Allen die Schriften des W. Herschel, dem sein Sohn John Herschel in der unermüdeten Durchforschung der Tiefen des Himmels (außer vielen anderen Beobachtern) würdig folgte. — Ein eigenes kleines Werk hierüber ist: 1) Herschel (William): Ueber den Bau des Himmels; 3 Abhandlungen a. d. Engl. u. s. w. Königsberg 1791. Die Herausgabe der Schriften des ältern Herschel, in deutscher Sprache, ist leider unterbrochen. Es erschien: 2) W. Herschel's sämmtliche Schriften. 1. Bd.: Ueber den Bau des Himmels. Dresden u. Leipzig 1826. Ferner: 3) W. Herschel's Entdeckungen und die Fortschritte seiner Zeitgenossen in der Astronomie und den ihr verwandten Wissenschaften. Erste Abtheilung: Herschel's Entdeckungen. — Dargestellt von J. W. Pfaff. Stuttgart und Tübingen 1828. 4) Littrow (J. J.) Die Doppelsterne. Wien 1835. 5) Littrow: Sterngruppen und Nebelmassen des Himmels. Wien 1835. Beide Schriften 4 und 5 sind sehr beachtenswerth. — Die unter der folgenden Nr. 24. stehenden Schriften, können, wenn gleich oft nur entfernt, auch hier her gezählt werden. —

Nr. 24. (Zu §. 52.). Die Literatur ist auch reich an Werken, welche Betrachtungen über das Weltgebäude, für solche Leser enthalten, die mit der allgemeinen Ansicht dieses Gebäudes bereits bekannt sind, wenn jene Werke auch oft noch Belehrungen enthalten, wie sie sich in den Lehrbüchern finden. Viele dieser Schriften sind, wie dies namentlich über einen Gegenstand, welcher der Einbildungskraft und den Meinungen so freies Spiel läßt, als die Einrichtung des Weltgebäudes, oft über die Grenzen des streng Wissenschaftlichen hinaus, und mit sehr verschiedenen Ausführungen und Graden von Klarheit geschrieben. Wieder mit Uebergehung einiger der älteren Werke, als von Hügens (Weltbeschauer), Fontenelle (Dialogen über die Mehrheit der Welten), Sack, Bode u. a. m. seien hier erwäht: 1) Kant (J.) Allgemeine Naturgeschichte und Theorie des Himmels. Königsberg und Leipzig 1755. 2) Lambert (J. G.) Cosmologische Briefe über die Einrichtung des Weltbaues. Augsburg 1761 (Wie alle Sachen ihres berühmten Verfassers, von großem Interesse). 3) La Place (P. S.) Darstellung des Weltsystems, aus dem Französischen (Exposition du Système du monde) von Hauff. 2 Thle. Frankfurt 1797 (Ist das bedeutendste der hierher gehörenden Werke (Siehe auch Nr. 25.)). 4) Schubert (G. H.) Die Urwelt und die Fixsterne. Dresden 1822 (Ist eine Zugabe zu des Verfassers Werk: Ansichten von der Nachtseite der Naturwissenschaften. Dresden 1808; in welchem Werke auch viele das Weltall betreffende Anmerkungen sich finden). 5) Gruithuisen (F. P.) Naturgeschichte des gestirnten Himmels. München 1836.

Nr. 25. (Zu §. 53.). 1) La Place (P. S.) Traité de mécanique céleste; 4 volumes avec trois supplemens. Eine deutsche Uebersetzung der beiden ersten Theile erschien von Burckhardt (J. C.). Berlin 1800 u. 1802. 2) Gaus (C. F.) Theoria motus corporum coelestium in rectionibus conicis solem ambientium auctore. Hamburgi 1809. 3) Ide (J. J. A.) Theorie der Bewegung der Weltkörper unseres Sonnensystems u. s. w. Berlin 1804. 4) Pontécoulant (M. G.) Analytische Teorie des Weltsystems; a. d. Franz. von Hartmann. 2 Bde. Quedlinburg und Leipzig 1834. Alle diese Werke sind nicht für Anfänger. — Ueber die Entdeckung der Schwere, elementar geschrieben ist zu empfehlen: 5) Littrow (J. J.) Geschichte der Entdeckung der allgemeinen Gravitation durch Newton. Wien 1835. — Als neuestes Werk, jedoch nur von Lesern welche mit den Gesetzen der physischen Astronomie bekannt sind, zu lesen, ist: 6) Biela (W. v.) Die zweite große Weltenkraft, nebst Ideen über einige Geheimnisse der physischen Astronomie. Prag 1836. — Monographien, wenn auch ältere darunter, sind: 7) Clairaut: Théorie de la lune etc. Paris 1765. 4. 8) Bailly: Essai sur la théorie des satellites de Jupiter etc. Paris 1766. 4. 9) Euler (L.) Theorie der Planeten und Cometen, a. d. Lateinischen übersetzt von Pacassi. Wien 1781. 4. 10) Pacassi (J.) Einleitung in die Theorie des Mondes. Wien 1783. 4. 11) Hansen (P. A.) Untersuchung über die gegenseitigen Störungen des Jupiters und Saturns. Berlin 1831. 4. (Eines der wichtigsten und gelehrtesten Werke, über diesen speciellen Gegenstand der physischen Astronomie).

Nr. 26. Bessel: Untersuchungen über die Länge des einfachen Secundenpendels (Ist die erste Abhandlung der mathematischen Klasse der Königl. Akademie der Wissenschaften, aus dem Jahre 1826).

Geographische Längen und Breiten einiger Hauptstädte Europas *).

	Länge.			Breite.		
Amsterdam . . .	22°	32′	30″	52°	22′	17″
Berlin	31	3	30	52	31	15
Bern	25	7	—	46	56	54
Braunschweig . .	28	11	6	52	16	11
Bremen	26	28	6	53	4	48
Brüssel	22	1	58	50	50	59
Cassel	27	15	3	51	19	20
Christiania . . .	28	23	30	59	54	3
Constantinopel .	46	35	15	41	1	27
Copenhagen . .	30	14	36	55	40	53
Darmstadt . . .	26	14	30	49	56	24
Dessau	29	56	45	51	49	16
Dresden	31	22	42	51	2	50
Dublin	11	21	1	53	23	13
Edinburg	14	27	28	55	56	42
Florenz	28	55	28	43	46	41
Frankfurt a. M. .	26	1	0	50	6	43
Genf	23	49	13	46	12	0
Genua	26	37	42	44	25	0
Gotha	28	23	24	50	56	6
Greenwich **) . .	17	39	36	51	28	39
Hamburg	27	38	18	53	33	2
Hannover	27	24	0	52	22	25

*) Ein sehr ausführliches Verzeichniß für die Lage aller nur einigermaßen bemerkenswerthe Punkte der Erde nach Länge und Breite, findet sich unter anderem in dem Lit. Nr. 5. C, 2. genanntem Buche von Reuter; auch findet sich daselbst eine Tafel für die Lage der merkwürdigsten Städte über der Meeresfläche.

**) Für die Angaben der Engländer, gilt der Meridian der Sternwarte zu Greenwich, als erster Meridian.

	Länge.			Breite.		
Königsberg	38°	9′	46″	54°	42′	50″
Krakau	37	36	43	50	3	38
Lissabon	8	31	15	38	42	24
London	17	34	13	51	30	49
Lübeck	28	20	30	53	51	18
Madrid	13	52	30	40	24	57
Mailand	26	51	15	45	28	2
Moskau	55	12	45	55	45	45
München	29	14	15	48	8	20
Neapel	31	55	37	40	51	46
Oldenburg	25	52	52	53	8	22
Palermo	31	1	43	38	6	45
Paris	20	0	0	48	50	14
Petersburg	47	58	30	59	56	23
Prag	22	5	0	50	5	18
Presburg	34	50	30	48	8	7
Rom	40	9	30	41	53	54
Stockholm	35	43	15	59	20	31
Stuttgart	26	50	45	48	46	15
Turin	25	20	0	45	4	0
Venedig	30	0	45	45	25	53
Warschau	38	42	30	52	14	28
Weimar	29	0	45	50	59	12
Wien	34	2	36	48	12	35
Zürich	26	11	15	47	22	33

Berichtigungen
im
Leitfaden der Astronomie.

Seite I (im Vorworte) Zeile 1 lies: Unter der Benennung
— 5 Zeile 9 nach 7000 setze ein ;
— 12 — 12 statt 4″ l. 4′
— — — 9 statt — gezählt); lies —) gezählt;
— 16 — 8 v. u. lies parallel dem Aequator
— 17 — 7 l. bürgerlicher, auch wol natürlicher Tag
— — — 11 st. den l. dem
— — — 12 st. im l. in
— 18 — 1 st. diesem l. diesen
— — — 15 st. 24 l. 4
— 22 — 2 v. u. nach Differenz setze: zu Mittag
— 30 — 3 l. Parallelkreises
— 32 — 14 st. Merkatarsche= l. Merkatorsche=
— 45 — 7 st. 7° 50′ l. 90° — 7° 50′ = 82° 10′
— 47 — 9 st. in Räume l. im Raume
— 48 — 6 v. u. st. Quadrate (2te l. Cuben (3te
— — — 4 v. u. st. Cuben (3te l. Quadrate (2te
— 58 — 12 st. $\frac{9}{11}$ l. $\frac{3}{11}$
— 68 — 7 v. u. l. K′ : K″ =
— 71 — 14 st. nur l. mit
— — — 7 v. u. st. $15\frac{5}{4}$ l. $15\frac{5}{8}$

Tabelle über einige der wichtig

Namen der Gestirne.	I. (§. 32.) Mittler synodischer Umlauf; 1 Jahr = 365¼ Tage. Jahr Tage Stunden	II. (§. 32.) Wahre Umlaufzeit, das Jahr zu 365¼ Tage. A. tropischer; B. syderischer Umlauf. Jahr. Tage St. Mt. Sec.	III. (§. 33.) Neigung der Bahn gegen die Ekliptik. Grad Minut. Sec.	IV. (§. 33.) Heliocentrische Länge des aufsteigenden Knotens für 1801, 1. Januar, nebst jährlicher Bewegung in Secunden. Zeich. Grad. Minut. Sec.	V (§. 36.) Größe des Gestirns. Halbmesser. A. scheinbarer ***) B. wahrer in geogr. Meilen.	 Inhalt, der Inhalt der ♁ = 1 gesetzt.	VI. (§. … Die Ge… Neigung der Axe gegen ihre Bahn	U…
Sonne ☉					A. 16′ 1″,7 B. 96497,69	1417622	82° 31′ ****)	
Merkur ☿	0 115 21	A. — 87 23 14 33 B. — 87 23 15 44	7 0 0	1 15 57 31 43,3	A. 3″,92 B. 300,58	0,0430	70°	
Venus ♀	1 218 16	A. — 224 16 41 27 B. — 224 16 49 11	3 23 35	2 14 52 39 31,0	A. 18″,66 B. 830,26	0,9060	75°	
Erde ♁	1 — —	A. — 365 5 48 48 B. — 365 6 9 12	— — —	— — — —	A. — B. 858,03	1,0000	66° 32′ 28″	
Mars ♂	2 49 22	A. 1 321 16 18 27 B. 1 321 17 30 36	1 51 3	1 18 1 28 28,0	A. 7″,73 B. 465,22	0,1594	61° 18′	
Vesta ⚶	1 139 19	A. 3 224 9 15 47 B. 3 224 13 41 17	7 8 11	3 13 18 28	B. 29	0,000038477		
Juno ⚵	1 108 17	A. 4 131 10 30 21 B. 4 131 16 57 51	13 4 26	5 21 4 28	B. 151	0,0043148		
Ceres ⚳	1 101 9	A. 4 220 5 52 6 B. 4 220 13 3 39	10 37 34	2 20 53 23	B. 172	0,0080279	Noch nicht	
Pallas ⚴	1 101 6	A. 4 221 15 35 51 B. 4 221 22 47 44	34 37 41	5 22 28 57	B. 220	0,016799		
Jupiter ♃	1 33 13	A. 11 312 20 39 2 B. 11 314 20 26 31	1 19 2	3 8 24 43 35,7	A. 20″,37 B. 9623,44	1461,7494	86° 54′ 27″	
Saturn ♄	1 12 20	A. 29 154 13 16 15 B. 29 166 19 51 11	2 29 55	3 21 57 11 33,3	A. 8″,01 B. 7085,43	591,5471	62° 59′ 51″	
Uranus ⛢	1 4 10	A. 83 274 8 38 0 B. 84 8 18 14 0	0 46 16	2 12 51 14 15,7	A. 1″,97 B. 3702,77	80,9023	0° 30′ 0″	
Mond ☾	29ᵗ 12ʰ 44′ 2″,86	A. 27ᵗ 7ʰ 43′ 4″,72 B. 27 7 43 11,56	5 8 47	0**) 13 54 21	A. 15″,32 B. 234,16	0,0203	88° 31′ ****)	2 1

*) Die Spalten I. II. III. IV. VIII. IX. sind nach den Angaben in Bode's Erläuterungen der Sternkunde (3te Auflage 1808). Die Spalten V. (mit
) Für den Mond geocentrische Länge. *) In der mittlern Entfernung von der Erde. ****) Für ☉ und ☾ gegen die Eklipt

ößen unseres Sonnensystems *).

) … bplat- tung.	VII. (§. 41.) Entfernung der Gestirne in geographischen Meilen. A. kleinste, B. mittlere, C. größte. Von der Erde.	V. d. Sonne	Excentricität der Bahn.	VIII. (§. 41.) Heliocentrische Länge der Sonnenferne für 1801 1. Januar, nebst jährlicher Bewegung in Secunden. Zeich. Grad. Mt. Sec.	IX. (§. 42.) Heliocentrischer Ort der Planeten für 1801 1. Januar. Zeich. Grad. Mt. Sec.	X. (§. 56.) Masse des Gestirns, die Masse d. ♁ = 1.	XI. (§. 56.) Dichtigkeit des Gestirns, die Dichtigkeit der ♁ = 1.	XII. (§. 56.) Fallraum in der ersten Secunde, in pariser Fuß.
5:3453	A. 20318499 B. 20666800 C. 21015101	—	—	— —	— —	357589	0,25225	1070,02
2:253	10676273 20667800 30659327	6355944 8000080 9644216	1644136	8 14 21 57 56,2	5 15 51 45	0,05044	1,17323	6,22
5:306	5266978 20666799 36066620	14846383 14948925 15051521	102569	10 8 37 1 48,6	0 11 29 42	0,88988	0,98206	14,36
3:304	—	20318499 20666800 21015101	348300	9 9 29 22 62,1	3 10 37 0	1,00000	1,00000	15,09
2:343	7546520 31389844 55433168	28551621 31489844 34428067	2938223	5 2 24 24 67,0	2 4 21 47	0,13341	0,83722	6,89
	24466799 49304000 74141201	44481900 48804000 53126100	4322100	2 9 50 32	9 20 14 3			
	20054899 55169000 90283101	41070000 55169000 69268000	14099000	7 23 19 0	2 12 33 20		Noch nicht sicher bestimmt.	
mt.	31856499 57266050 82675601	52871500 57266000 61660500	4394500	10 26 37 59	2 17 32 33			
	22420044 57301972 92183901	43435145 57302000 71168860	13866860	10 1 3 11	2 5 41 10			
3:14	81299079 107491180 133683281	102314180 107491180 112668180	5177000	6 11 9 18 56,7	3 22 14 8	334,04390	0,22852	104,60
03:114	165035636 197119050 229202464	186050737 197119050 208187363	11068313	8 29 5 17 66,1	4 15 20 43	101,82061	0,17216	73,07
69:60	356945222 396438635 435932058	377960323 396438640 414916957	18478317	11 17 21 42 52,8	5 27 46 56	22,33411	0,21929	39,32
—	48712 51823 54933	—	3110	2††) 26 6 46	3††) 15 1 13	0,01460	0,71824	2,96

…der Angaben für ⚶, ⚵, ⚳ und ⚴), VI. VII. X. XI. und XII. sind aus **Gruithuisen's** Naturgeschichte des gestirnten Himmels (1836).
†) In einem syderischen Monat; siehe §. 44. ††) Für den Mond **geocentrisch** die Erdferne und der Ort.

FSC
www.fsc.org
MIX
Papier | Fördert gute Waldnutzung
FSC® C083411

Zeitfracht Medien GmbH
Ferdinand-Jühlke-Straße 7
99095 Erfurt, Deutschland
produktsicherheit@kolibri360.de